普通高等学校应用型教材

大数据

大数据分析

基于Python

主编 余本国

**Big Data
Analysis**

Based on Python

U0386363

中国人民大学出版社
·北京·

前　言

　　Python 是一种用途非常广泛的编程语言，尤其在人工智能与大数据领域得到了越来越广泛的应用。Python 功能强大，可以完成许多任务，其中的 numpy、pandas 库是进行数据清洗和分析的利器。

　　第一次编写 Python 数据分析教材是在 2017 年。通过多年教学经验的积累，编者对数据分析这门课程有了更深层次的理解。本书主要针对没有任何计算机语言基础的爱好者，因此在表达上尽可能简洁，多用通俗易懂的语言进行描述。

　　本书的主要内容包括 Python 的语法基础、数据类型、流程控制、函数和类，以及数据处理与分析和数据可视化等，涵盖了有关 Python 的重要知识点，略去偏僻不常用的知识，以学以致用为目标。

　　本书基于 Python 3.11 及其以上版本编写，前 4 章为 Python 的基础部分，第 5～8 章介绍并利用 numpy 库和 pandas 库对数据进行清洗、分析、可视化，第 9 章为正则表达式与格式化输出，第 10 章为应用案例分析。

　　本书内容由浅入深，比较适合计算机语言零基础读者，每章均配有示例代码，希望读者在使用本书时，尽可能自己编写代码，少用复制粘贴的方法，这样有利于读者尽快地进入"角色"。

　　本书配有相关的教学课件、教学案例等资源，有需要的老师可以登录中国人民大学出版社网站（www.crup.com.cn）注册并下载，或者联系 120487362@qq.com。本书的出版得到了海南省高等学校教育教学改革研究项目（Hnjgzc 2023 - 17）的资助和支持。

　　最后，感谢广大读者选用本书，欢迎各位读者批评指正。

目 录

第 1 章　语法基础

Python 是一种高级编程语言，由 Guido van Rossum 于 1991 年创建。它是一种解释型语言，具有简单、易学的语法，广泛用于软件开发、数据分析、人工智能等领域。

Python 以其简洁易懂的语法著称，这使得初学者能够快速上手，并且可以通过减少代码量来提高开发效率。

总的来说，Python 是一种强大而灵活的编程语言，适用于各种不同的应用场景，无论小型脚本还是大型应用程序，都可以使用 Python 来开发。

1.1　Python 概述

Python 具有简单而明确的语法，同时也提供了丰富的库和工具，使得开发者可以轻松地构建各种应用，所以在不同领域都有着广泛的应用。例如，在 Web 开发中，Python 可以用来构建网站、API 和服务器端应用；在数据科学和机器学习领域，Python 提供了丰富的库（如 numpy、pandas 和 scikit-learn）来处理和分析数据；在人工智能方面，Python 的库（如 TensorFlow 和 PyTorch）被广泛用于构建和训练神经网络模型。

Python 具有以下特点。

（1）简单易学：Python 拥有清晰简洁的语法，可读性强，这使它成为初学者学习编程的良好选择。

（2）跨平台：Python 可以在多个操作系统上运行，包括 Windows、Linux、MacOS 等，这使得开发者对于不同平台可以仅编写一次代码，而不必针对每个平台分别编写代码。

（3）大量的库和工具：Python 拥有丰富的第三方库和工具，包括用于数据科学、Web 开发、机器学习、人工智能等各个领域的库，这些库和工具提供了丰富的功能和极大的便利。

（4）强大的社区支持：Python 拥有一个活跃的社区，开发者可以从中获取丰富的文档、教程和资源，并且可以获得社区中其他开发者的支持和帮助。

（5）面向对象：Python 支持面向对象编程范式，可以使用类和对象来组织代码，提高代码的可重用性和可维护性。

Python 被广泛应用于各种领域，包括 Web 开发、科学计算、数据分析、人工智能、自动化脚本等。它的简洁性和易用性使得开发者能够快速地构建出高效、可靠的应用。

Python 的发展经历了 Python 2. x 和 Python 3. x 两大版本，稳定的 Python 2.7 版本已于 2020 年正式停止维护。一般的软件系统都是后者兼容前者，但是 Python 在 2.7 和 3. x 版本之间却没有做到这一点，甚至相差甚远。在撰写本书时，Python 已经更新到了 Python 3.12，为了代码的稳定性，不建议采用最新版本。本书作为案例示范，采用的是 Python 3. 11 和 Python 3. 12。

1.2 编辑器 Anaconda

Python 的编辑器比较多，如 Anaconda、PyCharm 等。Windows 用户也可以访问 https://python. org/downloads/下载其原生编辑器，大小约为 25MB，安装过程与其他可执行软件类似。

打开 Python 的 IDLE，启动 Python 编辑器。在提示符"＞＞＞"下输入"print("hello world")"，然后按下 Enter 键，就可以看到输出的是"hello world"，如图 1-1 所示。

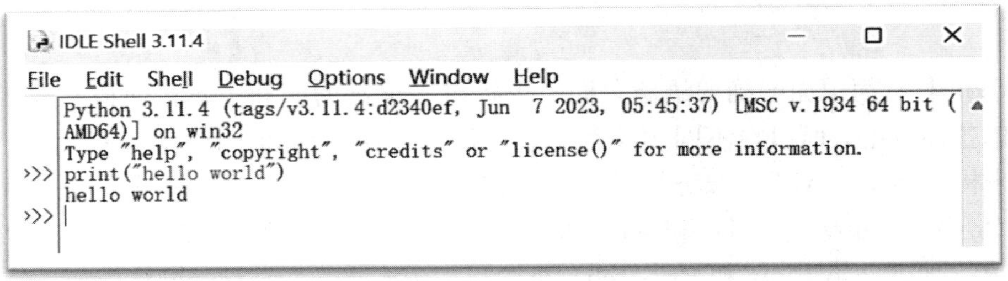

图 1-1　IDLE 界面图

【注意】Python 代码中所涉及的括号"（）"、引号"'"和冒号"："等都需要在英文半角状态下输入。

由于原生编辑器不携带常用的第三方库或模块，因此在使用第三方库时，需要设置较多的运行环境，不熟悉计算机系统设置的新手可能会无所适从。于是一些"自动化"的编辑软件应运而生，Anaconda 就是这样一款编辑软件。该软件预装了一些常用的库，真正体现了"注重解决实际问题，而非语言本身"，其大小约为 800MB。鉴于 Spyder 和 Jupyter Notebook（以下简称 Jupy）已成为数据分析的标准环境，尤其 Jupy 更是数据分析中使用较多的工具之一，本书将主要基于 Anaconda 下的 Spyder 和 Jupy 运行代码。

Anaconda 的官方下载网址为 https://www. anaconda. com/products/individual。下载时请按照计算机的配置情况下载适配（Windows、MacOS、Linux）的版本，如图 1-2 所示。Anaconda 发展更新较快，若想下载往期版本，可直接到 https://repo. anaconda. com/archive 页面选择下载。为了保证使用第三方库的稳定性，本书使用的是 Anaconda 官方 64 位 Windows

系统 Python 3.11。下载后，直接双击安装，可自选安装位置。安装完成后，在"开始"菜单里可以看到如图 1-3 所示的目录菜单。注意，在自选安装位置时，尽可能地避免中文路径，以防止出现不可预见的意外错误。

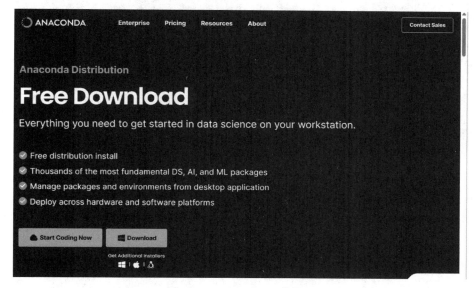

图 1-2　Anaconda 下载界面

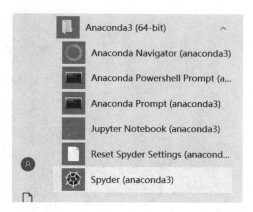

图 1-3　Anaconda 目录菜单

Anaconda 目录菜单中增加了 Anaconda Prompt 项，单击打开并输入"conda install"命令来安装第三方库，也可以使用"pip install"命令安装第三方库。例如，安装 jieba 库的命令为：

conda install jieba

或

pip install jieba

输入"pip install jieba"命令安装 jieba 库的界面如图 1-4 所示。

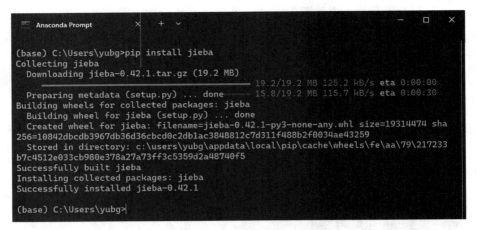

图 1 - 4　安装第三方库 jieba

Spyder 的打开速度较慢，其使用比较简单，界面如图 1 - 5 所示，不同版本的界面略有差异。在 Spyder 的代码编辑区编辑代码时，若需运行选定的代码，单击键盘上的 F9 键即可。

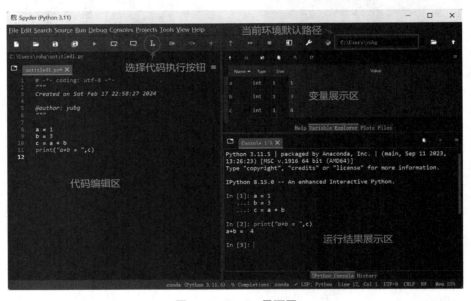

图 1 - 5　Spyder 界面图

Spyder 编辑器的界面是可以自行调整的，如可以拖动界面上的各个模块将其调整为上下格式。当界面拖动误操作被关闭，需要重新调出时，可以点击 Anaconda 菜单中的"Anaconda Prompt（anaconda3）"，如图 1 - 3 所示。

Anaconda 是 Python 的一个开源发行软件，主要面向科学计算。本书将采用 Anaconda 下的 Spyder 和 Jupy，偶尔会使用 Python 原生编辑器。一般情况下，个人编写代码时，用 Spyder 比较方便，在进行教学或者演讲交流时，用 Jupy 或许更胜一筹，因为它可以在演讲过程中进行代码交互，最后还可以将演讲过程导出保存为 html 或者 pdf 格式。

1.3 语法规范

计算机语言中都有一套代码运行规则，下面逐一进行介绍。

1. 代码注释方法

（1）Python 中，用"♯"表示注释，意思是在一行中遇到"♯"时，"♯"后的内容都是对该行代码的说明或解释。计算机在处理时，"♯"后的内容都不执行，即注释内容是给程序员看的，不是让机器运行的，这就类似于我们看书时做的批注，不属于书的正式内容。

（2）如果有多行注释，可以用三引号（包括三个单引号（'''）或三个双引号（"""））将注释内容包围。单引号和双引号成对使用，在使用上没有本质差别。

【例 1-1】三引号注释段落。

```
# -*- coding: utf-8 -*-
"""
Created on Sun Mar 13 21:20:06 2024
@author: yubg
"""

for i in range(5):        # 半角冒号不能少,下一行注意缩进
    print(i,end = ";")
```

本例中，三引号（"""）之间的内容也是注释，与"♯"注释不同的是，三引号可以对段落（即对多行）进行注释。

本例无须上机操作，仅为展示用法。

2. 用缩进表示分层

Python 不像其他语言用括号来表示语句块，而是使用代码缩进 4 个空格来表示分层（逻辑层次），当然也可以使用 Tab 键来表示缩进 4 个空格，但不要混合使用 Tab 键和空格进行缩进，这会使程序在跨平台时不能正常运行，官方推荐的做法是使用 4 个空格。

一般来说，行尾遇到"："就表示下一行缩进的开始，如例 1-1 中"for i in range(5)"行尾有冒号，下一行的"print(i,end＝";")"就需要缩进 4 个空格。

3. 语句断行

一般来说，Python 一条语句占一行，每条语句的结尾处不需要使用分号"；"。但 Python 中也可以使用分号，表示将两条简单的语句写在一行。分号还有一个作用，即用于一行语句的末尾时表示对本行语句的结果不打印输出。但如果一条语句较长，需要分几行来

写，那么可以用续行符"\"来续行，注意，在续行符"\"之后不能出现任何其他字符，包括空格。示例代码如下：

```
In [1]: s = "生如蝼蚁,当有鸿鹄之志。命如纸薄,应有不屈之心。\
     ...: 大丈夫生于天地间,岂能郁郁久居人下。当以梦为马,不负韶华。\
     ...: 乾坤未定,你我皆是黑马!"
     ...: print(s)
生如蝼蚁,当有鸿鹄之志。命如纸薄,应有不屈之心。大丈夫生于天地间,岂能郁郁久居人下。当以梦为马,不负韶华。乾坤未定,你我皆是黑马!
```

上面的字符串变量 s 本来是一行写完的，但是为了便于浏览，使用了续行符"\"，效果等同于一行写完。

一般来说，系统能够自动识别断行，在一对括号中间或三引号之间均可断行。括号（包括圆括号、方括号和花括号）内断行后的第二行一般有 4 个空格，但为了层次清晰，常采用"逻辑"对齐，在 Spyder 下会自动对齐。括号内断行的情况不需要加续行符。示例代码如下：

```
In [2]: import pandas as pd
     ...: import os
     ...: path = os. path. join(os. path. expanduser("~"),"desktop")
                              # 桌面路径
     ...: fname = r "d:\OneDrive\统计信息中心\第七次调查\第七次卫生\
                  调查准备\code\全部村镇.xlsx"     # 全部村镇.xlsx
     ...: data = pd. read_excel(fname)
     ...: print(data.iloc[0:30],
     ...:       "\n%s 共有镇数:"%(os. path. splitext(fname)[0]),
     ...:       len(data))
     ...: print(data.iloc[30:],
     ...:       "\n%s 共有镇数:"%(os. path. splitext(fname)[0]),
     ...:       len(data))
```

上面代码中的 print 代码行的下一行会自动与 data 逻辑对齐。print 代码行及其下两行可以写在一行，如下：

```
print(data. iloc[0:30],"\n%s 共有镇数:"%(os. path. splitext(fname)[0]),len(data))
print(data. iloc[30:],"\n%s 共有镇数:"%(os. path. splitext(fname)[0]),len(data))
```

4. print 函数的作用

print 函数会在输出窗口中显示一些文本或结果，便于验证和显示数据。它是一个常用函数，其功能就是输出括号中的字符串。print 函数可以有多个输出，输出之间以逗号分隔，如上面的 In［1］和 In［2］中 print 函数的输出。

当在循环输出中要将多个结果打印在一行并以逗号分隔时，可以在 print 函数中添加参数 end＝','，如例 1-1 中，print 行可以改为"print(i,end=",")"。

5. 特殊符号的输出

有时在字符串中需要输入"＼"（路径中会出现）或者引号"'"等特殊符号（无须在代码中进行转义的符号），此时可以在特殊符号前加"＼"，即\\或\'。示例代码如下：

```
In [3] : s1 = 'I\'m a boy.'     ♯ 第二个单引号前增加了\
In [4] : print(s1)
I'm a boy.
In [5] : s2 = "I'm a boy."      ♯ 此处外层双引号是为了区分里面的单引号
In [6] : print(s2)
I'm a boy.
```

在 In［3］代码行中，如果不加"＼"，则会产生语法错误。

说明："＼"在行尾时表示续行符，在特殊字符组合中表示转义符。如"\n"表示换行，"\t"表示横向制表符。示例代码如下：

```
In [7] : path = "d:\OneDrive\news\code\1. xlsx"
     … : print(path)
d:\OneDrive
ews\code. xlsx
```

在上面的代码中，path 表示文件的路径字符串，但是路径字符串中"\n"和"\1"分别表示换行和特殊符号，所以输出时就不再是想要的路径，而是发生了转义。所以路径中需要在"＼"前面加一个转义符，即"\\"表示输出一个"＼"，示例代码如下：

```
In [8] : path = "d:\\OneDrive\\news\\code\\1. xlsx"
     … : print(path)
d:\OneDrive\news\code\1. xlsx
```

当然也可以不用这种方式，直接在路径字符串之前加一个 r 或 R，表示该字符串不需要转义，直接按原样输出。示例代码如下：

```
In [9] : path = r"d:\OneDrive\news\code\1. xlsx"
     … : print(path)
d:\OneDrive\news\code\1. xlsx
```

常用的转义符如表 1-1 所示。

表 1-1

转义符	描述
\（在行尾时）	续行符
\\	反斜杠符号
\'	单引号
\"	双引号
\n	换行
\t	横向制表符

6. 变量

Python 中的变量类似于数学中的变量，可以给它赋值，如 a＝3。变量的名称只能由数字、字母和下划线构成，数字不能用在开头，字母区分大小写；以下划线开头的变量有特殊含义；变量名不能含有空格和其他标点符号，如括号、引号、逗号、斜杠、反斜杠、冒号、句号、问号等；在 Python 3.x 中，变量名也可以是中文，但不建议使用。

后续还会学习函数、类等概念，它们也有名称，这些需要命名的对象称为标识符。标识符的命名与变量的命名一致，但又有一些约定俗成的规则，如全局变量的名称中字母一般全为大写，小写的字母或单词一般表示变量或函数，类的名称一般首字母要大写。

1.4　运算符

1.4.1　算术运算符

算术运算符及其描述示例如表 1-2 所示。

表 1-2　算术运算符及其描述示例

运算符	描述示例（a=10,b=20）
＋	加法，两个对象相加：a＋b＝30
－	减法，一个数减另一个数：a－b＝－10
＊	乘法，两个数相乘：a＊b＝200
/	除法，两个数相除：b/a＝2
＊＊	指数，返回 a 的 b 次幂：a＊＊b＝100 000 000 000 000 000 000，10 的 20 次幂

续表

运算符	描述示例（a＝10,b＝20）
//	取整除，返回商的整数部分：9//2＝4，而 9.0//2.0＝4.0
％	取模，返回除法的余数：b％a＝0
divmod(b,a)	取 b 除以 a 的商和余数：divmod(b,a)＝(2,0)
pow(a,b)	a 的 b 次幂：pow(a,b)＝100 000 000 000 000 000 000

【例 1－2】数字运算。

```
In [1] : a = 10
    … : b = 20

In [2] : a//b          ♯ 取整除
Out[2] : 0

In [3] : a％b          ♯ 求余数
Out[3] : 10

In [4] : divmod(a,b)   ♯ 求商和余数
Out[4] : (0,10)

In [5] : a＊＊b          ♯ 求幂
Out[5] : 100000000000000000000

In [6] : pow(a,b)      ♯ 求 a 的 b 次幂
Out[6] : 100000000000000000000
```

1.4.2 比较运算符

比较运算符及其描述、示例如表 1－3 所示。

表 1－3 比较运算符及其描述、示例

运算符	描述	示例（a＝10,b＝20）
＝＝	判断两个操作数的值是否相等，如果相等，则为真	(a＝＝b) 为 False
！＝	判断两个操作数的值是否不相等，如果不相等，则为真	(a！＝b) 为 True

续表

运算符	描述	示例（a=10,b=20）
>	检查左操作数的值是否大于右操作数，如果是，则条件成立	(a>b) 为 False
<	检查左操作数的值是否小于右操作数，如果是，则条件成立	(a<b) 为 True
>=	检查左操作数的值是否大于等于右操作数，如果是，则条件成立	(a>=b) 为 False
<=	检查左操作数的值是否小于等于右操作数，如果是，则条件成立	(a<=b) 为 True

1.4.3　赋值运算符

赋值运算符及其描述、示例如表 1-4 所示。

表 1-4　赋值运算符及其描述、示例

运算符	描述	示例
=	简单的赋值运算，将右操作数赋值给左操作数	c=a+b，将 a+b 赋值给 c
+=	加法赋值操作，将左操作数与右操作数的和赋值给左操作数	c+=a，相当于 c=c+a
-=	减法赋值操作，将左操作数减右操作数的差赋值给左操作数	c-=a，相当于 c=c-a
*=	乘法赋值操作，将左操作数与右操作数的乘积赋值给左操作数	c*=a，相当于 c=c*a
/=	除法赋值操作，将左操作数除以右操作数的商赋值给左操作数	c/=a，相当于 c=c/a
%=	取模赋值操作，将左操作数与右操作数的模赋值给左操作数	c%=a，相当于 c=c%a
**=	指数赋值操作，将左操作数的右操作数次幂赋值给左操作数	c**=a，相当于 c=c**a
//=	地板除，左操作数地板除以右操作数，将结果赋值给左操作数	c//=a，相当于 c=c//a

【例 1-3】赋值运算。

```
In [7]: a=10
   ...: a+=1      # 等价于 a=a+1
   ...: a
```

```
Out[7] : 11
In [8] : b = 20
   … : a == b        ♯ 判断 a 和 b 是否相等
Out[8] : False


In [9] : a! = b       ♯ 判断 a 和 b 是否不相等
Out[9] : True
```

✎ 练 习

1. 安装 Anaconda 时，要注意哪些问题？

2. 请输出 100 除以 3 得到的商和余数，并求出商的余数次幂的值。

3. 在 print 函数里将"明月几时有"和"把酒问青天"两句分两行输入，但是在输出时显示在一行。

4. 请将"Life is short，I need python."连续输出 100 次。

5. 请阐述运算符"＝""＝＝""＋＝"的含义。

第 2 章　数据类型

Python 有多种数据类型，能够更灵活地处理不同种类的数据和解决不同的问题。不同的数据类型具有不同的特性和用途，可以满足不同的计算和数据处理需求。常见的数据类型有：

（1）数值型：整型（int）、浮点型（float）和复数型（complex），用于处理数值计算和算术运算。

（2）字符型（str）：用于表示和处理文本与字符序列。

（3）列表（list）和元组（tuple）：用于存储和操作多个数据元素，例如有序集合。

（4）字典（dict）：用于存储和查找键值对，常用于构建映射关系。

（5）集合（set）：用于存储唯一的元素，提供集合操作（如并集、交集等）。

（6）布尔类型（bool）：用于表示真（True）或假（False）的逻辑值。

通过提供多种数据类型，Python 可以更好地适应不同的场景和数据处理需求，便于使用者根据具体问题选择合适的数据类型，提高代码的可读性和效率。

数值型的计算在前面已经介绍过，如 divmod(a,b) 可以计算 a 除以 b 的商和余数，此处不再赘述。

2.1　字符串

a、4、％、＜ 等单个字母、数字、符号称为字符型（str）。字符型是一种数据类型。字符型变量可以存储任意单个字符，但该字符必须用引号（单引号或双引号均可）引起来，如 var＝'a' 表示变量 var 是一个字符型。

字符串（string）由多个字符组成，是一串字符的序列，可以包含任意字符，如字母、数字、符号、空格等。字符串通常用引号（单引号或双引号）引起来，例如 "Hello, world!"，所以一个单词、一句话、一首诗或一篇文章等用引号引起来就是字符串。字符串可进行多种操作，如拼接、截取、比较等。

字符串中的字符是有序的，从左到右按自然数（从 0 开始）的顺序进行编号，这个顺序号称为索引（index）。如 a＝"python"，第一个字母 p 的编号是 0，所以 p 的索引就是 0，依此类推，字母 y 的索引是 1，最后一个字母 n 的索引是 5。这个索引称为顺序索引。

索引也可以从右到左，记为－1，－2，…，称为逆序索引。上面 a＝"python"中，字母 p 的索引为－6，字母 n 的索引为－1，如图 2-1 所示。

```
顺序索引     0   1   2   3   4   5
字符串       p   y   t   h   o   n
逆序索引    －6  －5  －4  －3  －2  －1
```

图 2-1　字符串索引

字符串中的字符可以按照索引提取或查找，如从 a＝"python"中提取字符 y，y 的索引为 1 或－5，因此 y 可用"python"[1] 表示，也可表示为"python"[－5]、a[1] 、a[－5]。示例代码如下：

```
In [1] : a = "python"
   … : print(a[1])
y

In [2] : a[-5]      ♯ 可以不用 print 函数，直接运行
Out[2] : 'y'

In [3] : "python"[1]
Out[3] : 'y'

In [4] : "python"[-5]
Out[4] : 'y'
```

在 Spyder 和 Jupy 中，也可以不用 print 函数，直接运行变量名输出结果。

我们也可以从字符串中截取一个片段，如从字符串"python"中截取"tho"，t 的索引为 2，o 的索引为 4，即提取范围是 2～4，但 Python 规定，范围一般是"左闭右开"（数学上的区间），数学上的闭是包含在内的，但开是不包含在内的，所以如果我们取 2～4，则实际上只取到了索引为 2 和 3 的字符，索引为 4 的字符是取不到的，即只能取到字符 th。所以若想从字符串中截取一个片段，需要索引向后增加 1，我们把这种截取称为切片。其格式为变量名或字符串后带中括号"[]"，括号内为起止（start 和 stop）索引两个参数，起止索引间用冒号隔开，示例代码如下：

```
In [5] : a[2:5]
Out[5] : 'tho'
```

有时需要从字符串中隔一个字符提取一个字符，如从字符串 b＝"123456789"中提取奇数，这就需要借助第三个参数——步长（step）。a[2:5] 是按顺序提取的，其实它的步长为 1，也就是说每提取一个字符后，在原来的索引上加 1 才能到后一个字符，所以按顺

序切片时默认步长是 1，即 a[2:5] 也可以写成 a[2:5:1]，效果是一样的。示例代码如下：

```
In [6] : a[2:5:1]
Out[6] : 'tho'


In [7] : b = "123456789"


In [8] : b[0:10:2]
Out[8] : '13579'
```

所以切片的格式为：

$$var[start:stop:step]$$

其中，var 表示字符串或字符串变量；start 表示起始位置的索引；stop 表示结束位置的索引，不包含该索引对应的字符；step 表示步长，默认为 1。

当切片范围从第一个字符开始时，start 可以省略不写，同样，当切片范围到最后一个字符结束时，stop 也可以省略不写，如 var[:3] 等同于 var[0:3]，如上例中的 b[0:10:2] 也可以写成 b[::2]。当 step 取负值时，表示逆序。示例代码如下：

```
In  [9] : b[::2]
Out [9] : '13579'


In [10] : a[::-1]      ＃ 该方法也常用于字符串翻转
Out[10] : 'nohtyp'
```

字符串可以相加，如 a＋b 表示把 a 和 b 连接起来。示例代码如下：

```
In [11] : a + b
Out[11] : 'python123456789'
```

字符串也可乘以一个数，表示重复。如字符串 a ∗ 2 表示将 a 重复 2 次。示例代码如下：

```
In [12] : a ∗ 2
Out[12] : 'pythonpython'
```

字符串还有很多独有的方法，比如将字符串 a 中的所有字母大写、首字母大写，甚至可以判断 a 中的字符是全为数字还是全为字母等。示例代码如下：

```
In [13] : a. upper()           ＃ 将字符串中所有字母大写
Out[13] : 'PYTHON'
```

```
In [14] : a. isalpha()          # 判断字符串中的字符是否全为字母,返回逻辑值
Out[14] : True

In [15] : a. isdigit()          # 判断字符串中的字符是否全为数字
Out[15] : False

In [16] : a. isalnum()          # 判断字符串是否由数字或字母组成
Out[16] : True

In [17] : a. find("t")          # 在字符串中查找字符 t,返回找到的第一个索引
Out[17] : 2

In [18] : a. index("t")         # 在字符串中查找字符 t 的索引,返回第一个
Out[18] : 2

In [19] : a. replace("o","e")   # 将字符串中的字符 o 替换成 e
Out[19] : 'pythen'
```

字符串的方法较多,常用的如下。

- str. replace(old,new):将指定的旧字符串替换为新字符串。
- str. strip():去掉字符串两端的空白字符。
- str. split():按空格或指定的分隔符将字符串拆分为多个部分,并返回一个列表。
- str. startswith(prefix):检查字符串是否以指定的前缀开头。
- str. endswith(suffix):检查字符串是否以指定的后缀结尾。
- str. upper():将字符串转换为大写形式。
- str. lower():将字符串转换为小写形式。
- str. capitalize():将字符串的首字母大写。
- str. title():将字符串中每个单词的首字母大写。
- str. isupper():检查字符串是否全为大写字母。
- str. islower():检查字符串是否全为小写字母。
- str. join(iterable):使用字符串作为连接符,连接可迭代对象中的元素。
- str. find(substring):在字符串中查找指定的子字符串,并返回它的起始位置。
- str. isalpha():检查字符串是否只包含字母字符。
- str. isdigit():检查字符串是否只包含数字字符。

若想知道一个变量是什么数据类型,如是数值型(整型(int)、浮点型(float))还是字符型(str),可以使用 type 函数;若想获取一个字符串的长度(含有多少个字符),可以使用 len 函数。示例代码如下:

```
In [20] : type(a)
Out[20] : str


In [21] : len(a)
Out[21] : 6
```

2.2 列　表

在 Python 中，列表（list）是一种有序、可变并且允许元素重复的数据类型。列表使用方括号"[]"表示，每个值之间用逗号分隔，这里的每个值称为元素。如：

　　　lis_1＝[1,2,3,4,5]

列表中可以包含不同数据类型的元素，如整数、浮点数、字符串，甚至是列表。示例代码如下：

```
In [1] : lis_1 = [1,2,3,4,5]

In [2] : lis_2 = [1,2.5,"Hello",True,[1,2,3]]

In [3] : lis_2
Out[3] : [1,2.5,'Hello',True,[1,2,3]]
```

列表是可变的，这意味着可以通过索引访问和修改列表中的元素。列表的索引与字符串的索引相同。示例代码如下：

```
In [4] : q = [10,20,30,40,50]
    ... : print(q[0])
10

In [5] : print(q[-1])        # 逆序索引访问最后一个元素
50

In [6] : q[2] = 35           # 修改列表中索引为 2 的元素
    ... : q
Out[6] : [10,20,35,40,50]
```

修改列表中的某个元素，就是对这个位置进行赋值。

列表还支持切片操作，可以通过指定起始索引和结束索引来获取子列表。示例代码如下：

```
In [7] : lis_1 = [1,2,3,4,5]
   … : print(lis_1[1:4])      ♯ 获取索引为 1～3 的子列表,输出[2,3,4]
[2,3,4]

In [8] : print(lis_1[:3])      ♯ 从头部获取索引为 0～2 的子列表,输出[1,2,3]
[1,2,3]

In [9] : print(lis_1[2:])      ♯ 从索引 2 开始获取到最后的子列表,输出[3,4,5]
[3,4,5]
```

与字符串一样，列表也具有许多常用方法，如追加元素 list.append()、合并列表 list.extend()、计算列表长度 len(list) 等。示例代码如下：

```
In [10] : q. append("a")      ♯ 为列表追加元素

In [11] : q
Out[11] : [10,20,35,40,50,'a']

In [12] : q. extend(lis_1)      ♯ 合并两个列表

In [13] : q
Out[13] : [10,20,35,40,50,'a',1,2,3,4,5]
```

合并两个列表除了使用 extend 方法，也可以直接使用"＋"号，如"q＋lis_1"。

当需要在列表中指定的索引位置插入一个元素时，可使用 insert 方法。示例代码如下：

```
In [14] : w = [1,2,3,4]
   … : w. insert(2,"a")      ♯ 在 w 中索引为 2 的位置上插入元素 a

In [15] : w
Out[15] : [1,2,'a',3,4]
```

在 Python 中，删除列表中的元素有多种方法，下面介绍几种常用方法。

使用 del 关键字可以删除列表中指定索引位置的元素，或者删除整个列表。示例代码如下：

```
In [16] : del w[2]        # 删除 w 中索引为 2 的元素

In [17] : w
Out[17] : [1,2,3,4]

In [18] : w.pop(1)        # 删除索引为 1 的元素,并返回被删除的元素
Out[18] : 2

In [19] : w
Out[19] : [1,3,4]

In [20] : w.pop()         # 默认删除列表中的最后一个元素
Out[20] : 4

In [21] : w
Out[21] : [1,3]

In [22] : del w           # 删除整个列表

In [23] : w               # 列表已经被删除,所以会抛出变量不存在错误
Traceback (most recent call last):
  Cell In[36],line 1
    w
NameError: name 'w' is not defined
```

pop 方法用于删除指定索引位置的元素，并返回被删除的元素，默认删除最后一个元素。列表删除元素也可以使用 remove 方法，remove 方法用于按照给定的元素进行删除，删除的是列表中的第一个匹配项（从左到右）。示例代码如下：

```
In [24] : r = [10,"a",35,40,50,'a',1,2,3,4,5]

In [25] : r.remove("a")        # 删除元素 a(从左到右第一个匹配项)

In [26] : r
Out[26] : [10,35,40,50,'a',1,2,3,4,5]

In [27] : del r[3:5]           # 删除列表中的一个切片
```

```
In [28] : r
Out[28] : [10,35,40,1,2,3,4,5]
```

　　列表还有一些其他的函数和方法，如测量列表的长度（即包含元素的个数）、求最大值和最小值、排序、查询索引等。示例代码如下：

```
In [29] : len(r)
Out[29] : 8

In [30] : sorted(r)                      # 利用 sorted 函数排序,默认为升序
Out[30] : [1,2,3,4,5,10,35,40]

In [31] : r                              # 利用 sorted 函数排序不会改变原列表
Out[31] : [10,35,40,1,2,3,4,5]

In [32] : sorted(r,reverse = True)       # 添加参数 reverse = True 可降序输出排序结果
Out[32] : [40,35,10,5,4,3,2,1]

In [33] : r.sort()                       # 利用 sort 函数排序,默认升序,原列表被改变

In [34] : r
Out[34] : [1,2,3,4,5,10,35,40]

In [35] : r.sort(reverse = True)         # 添加参数 reverse = True 可降序排序

In [36] : r
Out[36] : [40,35,10,5,4,3,2,1]

In [37] : r.reverse()                    # 对列表逆序

In [38] : r
Out[38] : [1,2,3,4,5,10,35,40]

In [39] : max(r)                         # 求列表中的最大值
Out[39] : 40

In [40] : min(r)                         # 求列表中的最小值
```

```
Out[40]：1

In [41]：r.index(35)              # 求列表中元素 35 的索引
Out[41]：6

In [42]：r.count(2)              # 统计列表中元素 2 出现的次数
Out[42]：1
```

也可以利用 max 函数中的参数 key 查找列表中出现次数最多的元素，key 的值为列表的方法，注意省略方法后面的括号"()"。示例代码如下：

```
In [43]：nums = [2,1,3,6,5,1,2,1]
    …：most = max(nums,key = nums.count)      # 出现次数最多的元素
    …：most
Out[43]：1
```

1 是 nums 列表中出现次数最多的元素。

2.3 元 组

Python 中的元组（tuple）是一种不可变、有序的元素集合，其中每个元素可以是任意类型。

元组的创建方法与列表类似，不同的是元组用小括号"()"表示，并且元组是不可变的，即不能更改元组中的元素。示例代码如下：

```
In [1]：t = (1,2,"a",[3,4])

In [2]：t
Out[2]：(1,2,'a',[3,4])
```

元组的索引切片方法与列表相同，它还包括一些函数，如 len 函数、type 函数等。示例代码如下：

```
In [3]：t[3]
Out[3]：[3,4]

In [4]：len(t)
```

```
Out[4] : 4

In [5] : type(t)
Out[5] : tuple
```

　　元组和列表之间可以相互转化，将元组转化为列表只需使用 list 函数即可，将列表转化为元组只需使用 tuple 函数即可。示例代码如下：

```
In [6] : list(t)            # 将元组 t 转化为列表
Out[6] : [1,2,'a',[3,4]]

In [7] : tuple(_)           # 将列表转化为元组
Out[7] : (1,2,'a',[3,4])
```

　　说明：单下划线 "_" 在这里表示上一次运算的结果。此处在执行 "list(t)" 时，没有将其赋值给某个变量，所以用 "_" 来表示。

　　元组和列表一样，可以使用 "＋" 和 "＊" 分别表示元素合并和重复。示例代码如下：

```
In  [8] : t1 = (1,2,3)
    ... : t2 = ("a","b")

In  [9] : t1+t2
Out [9] : (1,2,3,'a','b')

In [10] : t2 * 2            # 元组元素重复
Out[10] : ('a','b','a','b')

In [11] : list(t2) * 2      # 列表元素重复
Out[11] : ['a','b','a','b']
```

2.4　字　典

　　存储电话号码时，需要记录姓名和号码两个值，由于字符型、列表或者元组只能记录单个值，因此这就需要用到 Python 中的另外一种数据类型——字典（dict）。字典用花括号 "{}" 创建，字典中的每个元素是一个键（key）值（value）对，键和值之间用冒号

":"隔开，而元素（多个键值对）之间用逗号隔开。

Python 中的字典是一种可变、无序的键值对集合，其中键是唯一的不可变数据类型。字典是一种非常有用的数据类型，它可以用于存储、访问和操作数据，支持高效的查找、插入和删除操作。示例代码如下：

```
In [1] : d = {"apple":1,"banana":2,"orange":3}
    … : d
Out[1] : {'apple':1,'banana':2,'orange':3}
```

创建字典的方法比较多，可以用二元元组、二元列表或者相互交叉等方式创建字典。但需要注意的是，列表不能作为字典的键名。示例代码如下：

```
In [2] : d1 = dict([(1,2),("a","b")])
    … : d1
Out[2] : {1:2,'a':'b'}

In [3] : d2 = dict(([1,2],("a","b")))
    … : d2
Out[3] : {1:2,'a':'b'}
```

字典元素的值可以修改。由于字典是无序的，所以没有类似字符串、列表的索引，但有类似索引的操作，把键名"key"作为索引即可。如上面的字典变量 d2，要提取元素键为"a"的值，可以用"d2["a"]"，其返回值为"b"。示例代码如下：

```
In [4] : d2["a"]
Out[4] : 'b'
```

这种提取字典键值的方法仅限于提取的键名在字典中存在的情况，否则会报错。为了改变这种不友好的方式，可以使用 get 方法。get 方法提取的键值不一定在字典中存在。若存在，则返回提取到的对应的值；若不存在，则返回空值，当然也可以使用参数给出提示信息，如"你提取的键名不存在！"示例代码如下：

```
In [5] : d2.get("a")
Out[5] : 'b'

In [6] : d2.get("d")        ♯ 没有 d 对应的键值对，所以返回空值

In [7] : d2.get("d","你提取的键名不存在！")
Out[7] : '你提取的键名不存在!'
```

字典增加元素很简单，与修改元素的值一样。修改元素的值时，直接给这个元素的键赋值即可，当要修改的元素不存在时，即为增加元素。示例代码如下：

```
In [8] : d2["c"] = 3           # 增加元素,因为 d2 中没有键名为"c"的键值对
    ... : d2
Out[8] : {1:2,'a':'b','c':3}

In [9] : d2["c"] = 0           # 修改元素的值
    ... : d2
Out[9] : {1:2,'a':'b','c':0}
```

字典的合并可以使用 update 方法，也可以使用双 " * " 合并：{**dict1,**dict2}。

```
In [10] : d1.update(d2)        # 合并两个字典,把 d2 合并到 d1 中

In [11] : d1
Out[11] : {1:2,'a':'b','c':0}

In [12] : {**d,**d2}           # 合并字典
Out[12] : {'apple':1,'banana':2,'orange':3,1:2,'a':'b','c':0}
```

字典的删除使用与列表相同的 pop 方法，也可以使用 del 方法。示例代码如下：

```
In [13] : d1.pop("c")          # 按照给定的键名删除字典的键值对
Out[13] : 0

In [14] : d1
Out[14] : {1:2,'a':'b'}
```

字典可以使用 items 方法转化为二元元组或列表，示例代码如下：

```
In [15] : d2.items()           # 将字典转化为"类"二元元组模式
Out[15] : dict_items([(1,2),('a','b'),('c',0)])

In [16] : list(_)              # 转化为列表
Out[16] : [(1,2),('a','b'),('c',0)]
```

字典还提供了许多其他方法，用于增加、删除、访问和操作键值对。以下是一些常用的字典方法：

（1）keys()：返回字典中所有的键。

（2）values()：返回字典中所有的值。

（3）items()：返回字典中所有的键值对。

（4）get(key,default)：根据键获取值，如果键不存在，则返回默认值。

（5）pop(key[,default])：根据键移除并返回值，如果键不存在，则返回默认值。

（6）clear()：移除字典中所有的键值对。

（7）update(other_dict)：将另一个字典的键值对添加到字典中。

（8）del d[key]：根据键删除字典中的键值对。

（9）in d. keys()：检查键是否存在于字典中。

部分示例代码如下：

```
In [17]: d2. keys()
Out[17]: dict_keys([1,'a','c'])
```

2.5 集 合

Python 中的集合（set）是一种可变、无序、元素唯一的集合。集合中的元素没有重复，因此集合可以用来进行去重操作。集合中的元素可以是任意类型，包括数字、字符串、列表、元组等。

集合用花括号"{}"表示，元素之间用逗号分开。注意：空集合使用"set()"表示，"{}"表示空字典。示例代码如下：

```
In [1] : s = {1,2,"a","b"}        # 创建一个集合
    … : s
Out[1] : {1,2,'a','b'}

In [2] : a = [1,2,3,1]
    … : aa = set(a)               # 用列表创建一个集合,过滤掉重复元素
    … : aa
Out[2] : {1,2,3}

In [3] : type({})                 # {}表示空字典
Out[3] : dict

In [4] : type(set())              # set()表示空集合
Out[4] : set
```

集合增加元素可以使用 add 方法，删除元素可以使用 remove 方法。从集合中删除一个元素，也可以使用 discard 方法，当使用该方法从集合中删除一个元素时，如果元素不存在，也不会报错。示例代码如下：

```
In [5] : s.add("d")                # 增加一个元素"d"

In [6] : s
Out [6] : {1, 2, 'a', 'b', 'd'}

In [7] : s.remove("d")             # 删除元素"d"

In [8] : s
Out [8] : {1, 2, 'a', 'b'}

In [9] : s.remove("e")             # 删除一个不存在的元素"e"，会报错
Traceback (most recent calllast):
  Cell In[32], line 1
    s.remove("e")
KeyError: 'e'

In [10] : s.discard("e")           # 删除一个不存在的元素，不会报错

In [11] : s
Out[11] : {1, 2, 'a', 'b'}
```

对于集合，使用最多的操作是交、并、差。获取两个集合的交集使用 intersection 方法，也可以使用"&"运算符；获取两个集合的并集使用 union 方法，也可以使用"|"运算符；获取两个集合的差集使用 difference 方法，也可以使用"－"运算符。示例代码如下：

```
In [12] : s1 = {1, 2, 3, "c"}
     … : s2 = {"a", "b", "c"}
     … : print("s1:", s1, "\n", "s2:", s2)
s1: {1, 2, 3, 'c'}
s2: {'a', 'b', 'c'}

In [13] : s1.intersection(s2)       # 求交集
Out[13] : {'c'}
```

```
In [14] : s1&s2                    ＃ 求交集
Out[14] : {'c'}

In [15] : s1.union(s2)             ＃ 求并集
Out[15] : {1,2,3,'a','b','c'}

In [16] : s1|s2                    ＃ 求并集
Out[16] : {1,2,3,'a','b','c'}

In [17] : s1.difference(s2)        ＃ 求差集
Out[17] : {1,2,3}

In [18] : s1－s2                   ＃ 求差集
Out[18] : {1,2,3}
```

练 习

1. 已知 a＝250，b＝'250'，请阐述 a 和 b 所引用的对象的区别。

2. 请用代码将字符串"map"的字符逆序为"pam"。

3. 请用代码将字符串"abcd"转化为列表 L，再将 L 还原为字符串"abcd"。

4. 请提取自己身份证号码中的出生年月日。

5. 请统计字符串"I am a teacher，you are a student. Life is short，I need python. "中字符 a 和 e 出现的次数。

6. 张三和李四的电话号码分别是 6601 和 6602，请将他们的姓名及电话号码做成一个字典类型的数据，并将李四的电话号码改成 6603。

7. 集合有一个功能是过滤重复值。请输出字符串"Life is short，I need python"中不同的字符，并做成列表。

第3章 流程控制

Python 是一种高级编程语言，其流程控制结构包括条件语句和循环语句，这些结构可以让我们根据程序的需要执行特定的代码块。

3.1 条件语句

条件语句也称判断语句或分支语句，使用 if、elif 和 else 关键字来执行不同的代码块，根据条件的真假来选择性地执行特定的代码。当条件分支为二分类时，使用 if/else 结构；当条件分支多于两个时，使用 if/elif/…/else，elif 根据需要使用。语法格式如下：

```
if 条件 1：
    条件 1 为真时执行代码块 1
elif 条件 2：
    条件 2 为真时执行代码块 2
else：
    条件 1、2 都不为真时执行代码块 3
```

条件语句会按照代码块的前后顺序逐一判断，当遇到的条件为真时，将执行真条件下的代码块。

例如，判断输入的数的奇偶性。示例代码如下：

```
In [1]: num = int(input("请输入一个数字："))
   … :
   … : #使用 if/else 分支判断数字是奇数还是偶数
   … : if num % 2 == 0:
   … :     print("您输入的是一个偶数。")
   … : else:
   … :     print("您输入的是一个奇数。")
请输入一个数字：7
您输入的是一个奇数。
```

在这个例子中，首先通过 input 函数从用户那里获取一个数字，并将其转换成整数，然后使用 if/else 结构来检查这个数字是否为偶数（即被 2 除时余数为 0）。如果条件为真（即数字是偶数），则执行第一个代码块，打印出"您输入的是一个偶数。"如果条件为假（即数字不是偶数，也就是为奇数），则执行 else 后面的代码块，打印出"您输入的是一个奇数。"

再例如，现有学生成绩的档次如表 3-1 所示，判断接收到的成绩属于哪个档次。

表 3-1　学生成绩的档次

成绩	不及格	及格	中	良	优
x	$x<60$	$60 \leqslant x<70$	$70 \leqslant x<80$	$80 \leqslant x<90$	$90 \leqslant x$

示例代码如下：

```
In [2]: bz = ['优','良','中','及格','不及格']        # 成绩档次分类
   ...: s = int(input('请输入分数：'))              # 接收键盘输入
   ...:
   ...: if s >= 90:
   ...:     print(bz[0])
   ...: elif s >= 80:
   ...:     print(bz[1])
   ...: elif s >= 70:
   ...:     print(bz[2])
   ...: elif s >= 60:
   ...:     print(bz[3])
   ...: else:
   ...:     print(bz[4])
请输入分数：87
良
```

条件语句用于行代码的表达式，称为三元表达式。三元表达式是一种简洁的条件语句，它使用三个操作数：一个条件表达式和两个结果表达式。如果条件表达式为真，则返回结果表达式 1，否则返回结果表达式 2。三元表达式的语法格式如下：

value_if_true if *condition* else *value_if_false*

其中，condition 是一个条件表达式，如果它的值为 True，则返回 value_if_true，否则返回 value_if_false。

例如，接收一个变量 x，想要检查它是否大于 10，如果是，则打印"Positive"，否则打印"Negative"，示例代码如下：

```
In [3]: x = int(input("请输入整数："))
   ...: result = "Positive" if x > 0 else "Negative"
```

```
… : print(result)
请输入整数：-3
Negative
```

接收到的 x 值为 -3，小于 0，所以 result 的值为 Negative。

3.2　循环语句

循环语句分为 for 和 while 两种类型。for 循环用于遍历序列（如列表、元组、字符串等）或其他可迭代对象；while 循环在指定的条件为真时，会重复执行代码块。

3.2.1　for 循环

for 循环主要用于遍历一个序列（字符串、列表、元组、字典、集合等，以及一些容器（如 range、zip 等）内的元素），将序列中的每个元素逐个取出并执行 for 代码行下的代码块，直到取完为止。

例如，将列表中的元素逐个打印出来。示例代码如下：

```
In [1] : fruits = ['苹果','香蕉','橙子','葡萄']
     … : for i in fruits:
     … :     print(i)
苹果
香蕉
橙子
葡萄
```

为了节省空间，可以将打印结果显示在一行，使用分号分隔，这使用到 print 函数中的 end 参数。示例代码如下：

```
In [2] : fruits = ['苹果','香蕉','橙子','葡萄']
     … :
     … : for i in fruits:
     … :     print(i, end = ";")
苹果;香蕉;橙子;葡萄;
```

再如，使用 for 循环计算列表中所有数字的和，示例代码如下：

```
In [3] : numbers = [1,2,3,4,5]
    … : sum = 0
    … : for i in numbers:
    … :     sum += i          # 等价于 sum = sum + i
    … :
    … : print("列表中所有数字的和是：",sum)
列表中所有数字的和是：15
```

在这个例子中，首先创建了一个包含五个数字的列表。然后使用一个变量 sum 来存储列表中所有数字的和，再使用 for 循环遍历这个列表，每次迭代时，变量 i 会被赋予列表中的下一个元素，并将这个元素加到 sum 中。最后打印出 sum 的值，即列表中所有数字的和。

for 循环还可用于创建列表、元组或者字典。如将上面的列表 numbers 中的所有奇数做成一个新的列表。示例代码如下：

```
In [4] : numbers = [1,2,3,4,5]

In [5] : [i for i in numbers if i%2!= 0]
Out[5] : [1,3,5]
```

上面的代码 "[i for i in numbers if i%2!=0]" 首先创建了一个列表，故外面使用 "[]"，内部产生的元素用 i 表示（即第一个 i），i 来自 numbers（即 for i in numbers），当满足被 2 除后的余数不等于 0（即 if i%2!=0）时，这样的 i 才会被保留在该列表中。

3.2.2　while 循环

while 循环主要用于条件为真时，重复执行其下的代码块，直到给定的条件不再满足。while 循环的基本语法格式如下：

　　　while *condition*：
　　　　　block

这里的 condition 是一个表达式，当它的结果为 True 时，会执行其下的 block 代码块，一旦 condition 变为 False，循环就会停止。

例如，使用 while 循环计算 5! 的值，并返回结果。示例代码如下：

```
In [6] : result = 1
    … : i = 1
    … : while i< = 5:
```

```
        ⋯ :        result *= i
        ⋯ :        i += 1
        ⋯ : print(result)
120
```

在循环中，使用 result 变量来保存阶乘的结果，并给出初始值 1，再使用变量 i 从 1～ 5 迭代。每次迭代将 i 乘以 result 来计算阶乘的值，并将 i 增加 1。最后，输出阶乘值。

注意，在编写 while 循环时，必须确保循环内的代码能够改变条件表达式的值，也称条件控制，否则可能导致无限循环。在无限循环中，程序会一直执行下去，直到手动停止，这通常不是我们想要的结果。所以在编写 while 循环时，要特别注意条件控制。

下面的代码是输出小于 5 的自然数的平方的两种方法。

```
In [7] : n = 0                              # 方法 1
      ⋯ : while n<5:
      ⋯ :     n_squared = n**2
      ⋯ :     print(n_squared, end = ";")
      ⋯ :     n += 1
0;1;4;9;16;
```

```
In [8] : n = 0                              # 方法 2
      ⋯ : while (n_squared:= n**2)<25:      # 海象表达式
      ⋯ :     print(n_squared, end = ";")
      ⋯ :     n += 1
0;1;4;9;16;
```

海象表达式使用冒号和等号组合（:=）来表示，即用一个变量名后跟一个冒号和等号，表示将一个表达式的值赋给这个变量。使用海象表达式可以简化代码，使代码更加简洁。

在代码"while(n_squared：= n**2)＜25"中，海象表达式将 n**2 赋值给变量 n_squared，节省了计算量，使代码变得更简洁。

需要注意的是，海象表达式只能在 Python 3.8 及以上版本中使用，如果在较早的 Python 版本中使用，则会出现语法错误。此外，虽然海象表达式可以简化代码，但也可能会降低代码的可读性。

请运行下面的代码，观察输出的结果。

```
In [9] : rows = int(input("Enter number of rows: "))
      ⋯ : k = 0
      ⋯ : for i in range(1, rows + 1):              # i 控制行
```

```
    … :        for space in range(1,(rows - i) + 1):        ♯ 控制每行开始的空格数
    … :            print(end = " ")                          ♯ 打印每行*前的空格
    … :        while k!= (2*i - 1):                          ♯ 控制*输出
    … :            print("*",end = "")                       ♯ 同行无分隔符输出*
    … :            k += 1                                     ♯ 输出*的个数
    … :        k = 0                                          ♯ 下一行 k 从 0 开始
    … :        print()                                       ♯ 换行
Enter number of rows: 5
    *
   ***
  *****
 *******
*********
```

3.3 break 与 continue

在 Python 中，break 和 continue 都是控制循环流程的关键字。下面分别介绍它们的作用。

在循环中，一旦遇到 break，无论循环条件是否继续为真，都会立即终止当前循环。例如，在一个 for 或 while 循环中，如果在某个条件下调用 break，那么循环将立即结束，程序流程将继续执行循环之后的下一行代码。示例代码如下：

```
In [1] : for i In [0,1,2,3,4,5,6,7,8,9]:
    … :        if i == 5:
    … :            break
    … :    print(i)
0
1
2
3
4
```

在这个例子中，当 i 等于 5 时，break 语句将被执行，for 循环将立即终止，尽管列表中有 0~9 的数字。因此，这段代码只会打印出 0~4，然后终止整个循环。

continue 是一个控制流语句，用于跳过当前循环中的剩余语句，并立即开始下一轮循环。这意味着，如果 continue 语句在一个循环（例如 for 或 while 循环）内部，那么该循

环的剩余部分将不会被执行，而是立即开始下一轮循环。示例代码如下：

```
In [2] : for i In [0,1,2,3,4,5,6,7,8,9]:
    ... :     if i == 5:
    ... :          continue
    ... :     print(i)
0
1
2
3
4
6
7
8
9
```

在这个例子中，当 i 等于 5 时，continue 语句将被执行，这会跳过输出语句，并立即开始下一轮循环。因此，这段代码会输出 0～9 中 5 之外的其他数字。

3.4　异常处理

异常处理是一种处理程序中特殊情况（即异常）的机制。在编程中，异常是程序运行时出现的问题，例如运算中出现除数是零、访问无效的内存区域等。异常处理可以帮助我们在这些问题出现时管理程序，不让程序崩溃。

在 Python 中，异常处理通常使用 try，except，else，finally 等关键字，其语法格式如下：

```
try:
    block 1
except:
    block 2
else:
    block 3
finally:
    block 4
```

try 下的 block1 代码块是需要测试的代码（即有可能出现异常情况），在执行程序时，首先执行 block1，此时 block1 可能会出现意外错误。若 block1 出现错误，程序将进入 except 下的 block2；若不出现错误，则进入 else 下的 block3。except 和 else 的顺序不能颠倒，except 必须在 else 之前，else 也可以省略。finally 代码行表示无论 block1 是否发生异常，都要执行 block4。finally 必须出现在 except 和 else 之后，finally 也可以省略。示例代码如下：

```
In [1] : try:
    … :     x = int(input("x = "))
    … :     y = int(input("y = "))
    … :     r = x/y
    … :     print(r)
    … : except:                        ♯ 出现异常时执行
    … :     print("以上代码执行时出现了异常。")
    … : else:
    … :     print("没有出现异常!")
x = 3
y = 0
以上代码执行时出现了异常。
```

有时需要将捕获到的错误信息打印出来，此时可以用 Exception 来接收捕获到的异常信息。下面的例子是接收来自键盘输入的两个数，用这两个数做除法，可能会出现除数为零的情况，我们捕获并输出这个异常信息。

```
In [2] : try:
    … :     x = int(input("x = "))
    … :     y = int(input("y = "))
    … :     r = x/y
    … :     print(r)
    … : except (Exception) as e:   ♯ 不论什么异常,都捕获给 e
    … :     print(e)               ♯ 输出异常信息
    … :     print("以上是捕获到的异常信息")
    … : else:
    … :     print("没有出现异常!")
    … : finally:
    … :     print("程序运行到最后了!")
x = 3
y = 0
division by zero
以上是捕获到的异常信息
程序运行到最后了!
```

上面的代码中，作为除数的 y 的输入值为 0，出现了 0 作为除数的异常情况，即异常信息为 "ZeroDivisionError：division by zero"。代码行 "except（Exception）as e" 表示将捕获到的异常信息（division by zero）绑定给变量 e，即将 except 捕获的异常信息赋值给 e，再执行其下的代码块。上面代码的最后有 finally 语句，表示无论 try 下的代码出现何种情况，都不会影响 finally 语句下代码的运行。

当 x 除以 y 不产生异常时，便进入 else 并执行其下的代码。示例代码如下：

```
In [3] : try:
    … :        x = int(input("x = "))
    … :        y = int(input("y = "))
    … :        r = x/y
    … :        print(r)
    … : except (Exception) as e:
    … :        print(e)
    … :        print("以上是捕获到的异常信息")
    … : else:
    … :        print("没有出现异常!")
x = 3
y = 2
1.5
没有出现异常!
```

需要注意的是，可以使用多个 except 语句块来处理不同类型的异常，示例代码如下：

```
In [4] : try:
    … :        # 尝试执行的代码
    … :        x = int(input("请输入：")) + "0"        # 一定会出现错误
    … : except ValueError:
    … :        # 值错误发生时执行的代码
    … :        print("输入的不是有效的整数!")
    … : except TypeError:
    … :        # 类型错误发生时执行的代码
    … :        print("输入的不是字符串!")
    … : finally:
    … :        # 无论是否发生异常,都会执行的代码
    … :        print("这是 finally 块。")
请输入：abc
```

输入的不是有效的整数！
这是 finally 块。

```
In [5] : try:
    … :      ♯ 尝试执行的代码
    … :      x = int(input("请输入：")) + "0"        ♯ 输入 abc
    … : except ValueError:
    … :      ♯ 值错误发生时执行的代码
    … :      print("输入的不是有效的整数!")
    … : except TypeError:
    … :      ♯ 类型错误发生时执行的代码
    … :      print("输入的不是字符串!")
    … : finally:
    … :      ♯ 无论是否发生异常,都会执行的代码
    … :      print("这是 finally 块。")
请输入：123
输入的不是字符串！
这是 finally 块。
```

在这个例子中，输入字符串"abc"时，尝试将字符串'abc'转换为整数会引发 ValueError；输入数字"123"时，转化为 int 型，再与 str 型相加，会出现类型错误 TypeError。故如上代码如果有不同类型的异常发生，相应的 except 块将被执行。

✎ 练 习

1. 请设计一个程序统计字符串"Life is short，I need python"中各个字符出现的次数。

2. 编写一段程序，实现如下功能：

1）连续输入几个英文姓名，直到输入字母 q 时退出输入；

2）按照字典顺序将所有姓名排序并打印输出。

3. 将字典 {"name":"python","lang":"english"} 的键和值对换。

第 4 章　函数和类

在 Python 中，函数和类都是重要的代码结构，但它们在用途和功能上有所不同。函数是一段可以重复使用的代码，用于执行一个特定的任务。类则是一种更复杂的数据类型，它允许创建自己的对象，并在这些对象上定义属性和方法。

尽管函数和类在概念上有所不同，但它们在实际编程中经常相互作用。类是一个用来包装函数和数据的数据类型，类的方法可以是函数。同样，一个函数也可以调用一个类的方法。

4.1　自定义函数

函数是一个可以重复使用的代码块，它只在被调用时运行。函数可以帮助我们组织和简化代码。Python 内置了许多函数，比如 print、type、len 等，但我们也可以创建自己的函数，这就是自定义函数。

4.1.1　自定义函数的格式

自定义函数以 def 开始，后面是自定义函数的名称、括号，括号内是参数，当有多个参数时，用逗号分隔。其下的代码块就是函数的主体（函数体），即要实现的功能，最后如果需要返回结果，则需使用 return。语法格式如下：

def $name(x, y)$:	♯ 定义一个名为 name 的函数，有两个参数 x，y
$block(c)$	♯ 功能模块，c 为过程变量或计算结果变量
return c	♯ 函数运行后返回的结果为 c

例如，编写一个除法的函数，示例代码如下：

```
In [1]: def div(x, y):
   ... :     c = x/y
   ... :     return c
```

```
In [2]: div(1,2)
Out[2]: 0.5
```

上面的代码首先定义了一个名为 div 的函数，函数有两个参数 x 和 y，即在使用该函数时，需要接收两个参数。在函数体内，将接收到的两个参数 x 和 y 的值做除法，将结果保存在变量 c 中。最后将结果 c 返回，即在运行 div(x,y) 后，div(x,y) 的结果就等于 c。如上例中接收参数 x 和 y 的值分别为 1 和 2 时，div(1,2) 的结果就等于 0.5。

在上面自定义函数中出现的参数 x 和 y 称为形式参数，简称形参，而接收到的实际参数值 1 和 2 称为实际参数，简称实参。

在上述代码中，return 返回的只是一个值，也可以返回多个结果，用逗号分隔即可，或者把需要返回的多个结果写成元组的形式。如需要将接收到的实参和结果都返回，则可以写成如下形式：

```
In [3]: def div(x,y):
   ...:     c = x/y
   ...:     return x,y,c
   ...:
   ...: div(1,2)
Out[3]:(1,2,0.5)
```

这时 div 函数返回的就是一个元组，包含接收到的变量的值及其运算结果。所以返回什么结果主要看 return 后的变量或表达式。当然 return 不是必需的，若无返回的结果，则可忽略。

在上面自定义函数的过程中，为参数赋值时，是按照对应位置进行的，如 div(1,2) 会自动将 1 赋给 x，将 2 赋给 y。

其实也可以按照给定的关键字赋值，如这里有两个参数 x 和 y，则可以写成 div(x=1,y=2)（或者 div(y=2,x=1)），这样保证了函数体中 x=1 和 y=2。示例代码如下：

```
In [4]: div(2,1)
Out[4]: (2,1,2)

In [5]: div(x=1,y=2)
Out[5]: (1,2,0.5)

In [6]: div(y=2,x=1)
Out[6]: (1,2,0.5)
```

从上面的代码中可以看出，In［4］按照对应位置赋值，其结果为 2，并不是 0.5。而 In［5］和 In［6］按照关键字赋值，因此对结果没有影响。

在自定义函数时，也可以给函数写一个说明文档，该文档主要是供 help 函数调用时使用的，比如，运行"help(len)"会返回 len 函数的作用和用法。示例代码如下：

```
In [7] : help(len)
Help on built-in function len in module builtins:

len(obj, /)
    Return the number of items in a container.
```

其实自定义函数中的说明文档就是 help 函数调用时返回的内容。说明文档的内容可以包括函数的开发者、开发时间、主要功能、参数格式、返回的结果以及给出的实例等，主要是告诉查询该函数的读者该函数的相关信息以及如何使用。说明文档写在定义函数名称下，用三引号引起来。

下面给 div 函数写一个说明文档，示例代码如下：

```
In [8] : def div(x,y):
    ... :     """
    ... :     @ybg 2023 年 9 月 25 日
    ... :     该函数主要用于计算输入的两个变量值的除法
    ... :     注意:两个变量是数值型,其中第二个变量 y 不能为 0
    ... :     返回除法的结果
    ... :     例如:
    ... :     >>> div(3,2)
    ... :     1.5
    ... :     """
    ... :     c = x/y
    ... :     return c

In [9] : div(6,4)
Out[9] : 1.5

In[10] : help(div)
Help on function div in module __main__:

div(x,y)
    @ybg 2023 年 9 月 25 日
    该函数主要用于计算输入的两个变量值的除法
    注意:两个变量是数值型,其中第二个变量 y 不能为 0
```

返回除法的结果

例如：

```
>>> div(3,2)
1.5
```

通过上面的 "help(div)" 可以看出，返回的信息恰好是自定义函数下的说明文档。
注意，在使用自定义函数时，必须先运行，才能调用。

4.1.2 默认参数

上面定义的 div 函数中有两个参数 x 和 y，也就是说在使用 div 函数时，必须输入两个参数，否则就会报错。假设只输入一个参数，希望此时给出的结果直接等于该输入的参数值，即将该输入的参数值除以 1，这种情况该如何处理呢？其实这种情况相当于将参数 y 设置成了默认参数 1，即当给两个参数（x 和 y）赋值时，y 即为所赋的值，当给一个参数赋值时，y 为默认的参数值 1。

对于设置默认值的参数，可以直接在定义函数名时，将括号内的形参赋值为默认值，形式如下：

```
def name(x=1,y=1):
    pass
```

上面的代码在定义时就已经给参数 x 和 y 都赋值为 1，即在使用该函数时，若不给形参 x 和 y 赋值，它就会按照 x 和 y 都已经赋值为 1 的情况执行。

示例代码如下：

```
In [11] : def div(x,y = 1):
    … :        """
    … :        @ybg 2023 年 9 月 29 日
    … :        该函数主要用于计算输入的两个变量值的除法
    … :        注意:两个变量是数值型,其中第二个变量 y 不能为 0
    … :        返回除法的结果
    … :        y 的默认值为 1
    … :        例如:
    … :        >>> div(3,2)
    … :        1.5
    … :        """
    … :        c = x/y
    … :        return c
```

```
In [12] : div(6)
Out[12] : 6.0


In [13] : div(6,4)
Out[13] : 1.5
```

从上面的代码可以看出，当只给 x 赋值时，直接将 y 值看作默认值 1 执行。当给两个参数赋值时，默认值将会被覆盖，以所赋的 x 和 y 值进行运算。

```
In [14] : def listcount(lis = []):
    ... :     """
    ... :         统计列表中互异元素出现的次数
    ... :         返回一个字典
    ... :         例如：
    ... :         >>> a = [1,2,3,1,2,1,2,2,1,1]
    ... :         >>> listcount(a)
    ... :         返回值如下：
    ... :         {1:5,2:4,3:1}
    ... :
    ... :     """
    ... :     d = {}
    ... :     for i in set(lis):
    ... :         d[i] = lis. count(i)
    ... :     return d

In [15] : listcount(lis = [])
Out[15] : {}


In [16] : listcount(["a","b","a","c","b","a","c","d","a","b"])
Out[16] : {'a':4,'b':3,'d':1,'c':2}
```

4. 2 匿名函数 lambda

在 Python 中，还有一种比自定义函数更简单方便的定义一个函数的方法——匿名函数。lambda 是一个用于创建匿名函数的关键字。匿名函数是一种没有函数名的函数，通常用于简化代码或在需要一个简单函数的地方使用，其语法格式如下：

lambda $arg : expression$

其中，arg 是函数的参数，可以是多个参数，用逗号分隔；expression 是函数的返回值表达式。

下面是一个使用 lambda 函数的简单示例。

```
In [1] : add = lambda x, y : x + y
   … : result = add(3, 2)
   … : print(result)
5
```

在上面的示例中，使用 lambda 函数创建了一个匿名函数，赋值给了变量 add，它接收两个参数 x 和 y，并返回它们的和。然后调用变量 add，传入参数 3 和 2，得到结果 5。

lambda 函数通常用于一些简单的函数操作，可以在需要函数作为参数的地方使用（例如在 map 函数中）。它可以帮助简化代码，避免定义额外的命名函数。示例代码如下：

```
In [2] : # 输出("abc","23fdas",[1,2,3])中每个元素的长度
   … : for i in ("abc","23fdas",[1,2,3]):
   … :     print((lambda x:len(x))(i))
3
6
3
```

由于 lambda 函数表达式的限制，通常其只适用于简单的函数逻辑，复杂的函数操作仍然需要使用自定义函数 def 来实现。

4.3 常用函数

Python 作为一种流行的编程语言，有许多常用函数，除了前面学习过的 print、type、len、input、list、tuple、set、dict、str、int、float、sorted、max、min 等之外，还有其他一些常用函数，如 range、enumerate、zip、map，这些函数在数据处理过程中发挥着重要作用。

4.3.1 range 函数

range 函数用于创建一个整数序列，通常在循环中使用。它主要有以下三种用法：

(1) range(stop)：仅指定一个参数，生成从 0 到 stop−1 的整数序列。

例如：range(5) 会生成序列 0，1，2，3，4。

(2) range(start,stop)：指定两个参数，生成从 start 到 stop−1 的整数序列。

例如：range(2,7) 会生成序列 2，3，4，5，6。

(3) range(start,stop,step)：指定三个参数，生成从 start 到 stop−1 的整数序列，步长为 step。

例如：range(1,10,2) 会生成序列 1，3，5，7，9。

其实，range 函数的参数 start、stop、step（称为 3s）格式类似于字符串和列表的切片，只是切片用冒号分隔，而 range 函数用逗号分隔，范围也是"左闭右开"，即最后的 stop 无法取到。

range 函数返回的是一个可迭代对象，可以理解为一个容器，而不是直接生成一个列表。range 函数所产生的元素全部放在这个容器内，如果需要用这些元素组成列表，就用 list 函数来调用；如果希望组成元组，就用 tuple 函数来调用，如 list(range(5))，tuple(range(5))。可以通过迭代（如 for 循环）来遍历容器中的每个元素。示例代码如下：

```
In [1] : # 生成一个 1~10 的列表
    ... : lis = list(range(1,11))
    ... : lis
Out[1] : [1,2,3,4,5,6,7,8,9,10]


In [2] : for i in range(0,10,2):        # 打印 range(0,10,2)中的元素
    ... :        print(i,end = "/")
0/2/4/6/8/
```

4.3.2　enumerate 函数

enumerate 函数用于在迭代过程中同时获取元素索引和对应的值，常用于循环中需要同时使用索引和对应元素值的情况。它返回的是一个可迭代对象，其中每个元素是一个索引与对应值的二维元组。示例代码如下：

```
In [3] : fruits = ['apple', 'banana', 'orange', 'peach']
    ... :
    ... : # 使用 enumerate 函数遍历并打印其中的元素
    ... : for i in enumerate(fruits):
    ... :        print(i)
(0,'apple')
(1,'banana')
(2,'orange')
(3,'peach')
```

从上述代码中可以看出，enumerate 函数产生的元素是索引与对应值的二维元组。

```
In [4]: # 使用 enumerate 函数遍历并打印水果列表,输出索引和值
   ...: for index,fruit in enumerate(fruits):
   ...:     print(f"{fruit}的索引为：{index}")
apple 的索引为：0
banana 的索引为：1
orange 的索引为：2
peach 的索引为：3
```

在 for 循环中，我们使用元组解包的方式将索引和值分别赋值给 index 和 fruit，然后打印水果名称及其对应的索引。通过使用 enumerate 函数，我们可以方便地获取索引和对应的值，并灵活地在循环中使用它们。

下面的例子使用 enumerate 函数给出了列表中互异元素出现的次数及其所在的位置（即索引）。

```
In [5]: lis = ["a","b","a","c","b","a"]
   ...:
   ...: for k in set(lis):
   ...:     p = 1
   ...:     for i,j in enumerate(lis):
   ...:         if j == k:
   ...:             print(" %s 第 %d 次出现,其索引为 %d" %(j,p,i))
   ...:             p += 1
a 第 1 次出现,其索引为 0
a 第 2 次出现,其索引为 2
a 第 3 次出现,其索引为 5
b 第 1 次出现,其索引为 1
b 第 2 次出现,其索引为 4
c 第 1 次出现,其索引为 3
```

4.3.3 zip 函数

在 Python 中，zip 函数用于将多个可迭代对象（例如列表、元组等）中对应位置的元素打包成一个个元组，并返回一个由这些元组组成的迭代器。zip 函数可以接收任意数量的参数，但最终返回的迭代器的长度取决于参数中最短的可迭代对象的长度。zip 函数的基本语法格式如下：

zip(a,b,…)

下面是一个简单的示例，展示了如何使用 zip 函数。

```
In [6] : lis1 = [1,2,3]
    … : lis2 = ['a','b','c']
    … : zipped = zip(lis1,lis2)
    … : list(zipped)
Out[6] : [(1,'a'),(2,'b'),(3,'c')]

In [7] : lis3 = [1,2,3,4]
    … : for i in zip(lis3,lis2):      # 两个序列不等长
    … :     print(i)
(1,'a')
(2,'b')
(3,'c')
```

需要注意的是，如果传入的可迭代对象的长度不一致，zip 函数会以最短的可迭代对象为基准，忽略超出部分的元素。

```
In [8] : tup1 = tuple(zip(lis1,lis2))
    … : tup1
Out[8] : ((1,'a'),(2,'b'),(3,'c'))
```

上面的代码将 lis1、lis2 合并成了一个二元元组 tup1，那么如何将上述二元元组 tup1 再分解为 lis1 和 lis2 呢？这个过程就是解包，解包的语法格式如下：

zip(*tup1)

如解包 tup1，示例代码如下：

```
In  [9] : tup1 = tuple(zip(lis1,lis2))
    … : tup1
Out [9] : ((1,'a'),(2,'b'),(3,'c'))

In [10] : lis_zip = list(zip(*tup1))

In [11] : lis1_ = lis_zip[0]
    … : lis2_ = lis_zip[1]

In [12] : print(lis1_,lis2_)
(1,2,3) ('a','b','c')
```

4.3.4　map 函数

map 函数有两个参数——一个功能函数和一个序列，其作用是将功能函数作用于序列中的每个元素，返回的是一个迭代器（容器）。示例代码如下：

```
In [13] : tup = ("abc","23fdas",[1,2,3])
     … : list(map(len,tup))                # 返回 tup 元组中每个元素的长度
Out[13] : [3,6,3]

In [14] : tuple(map(type,tup))             # 返回 tup 元组中每个元素的数据类型

Out[14] : (str,str,list)
```

注意，功能函数不能带其后的括号"()"。

再如，将 lis 列表中的每个字母大写，示例代码如下：

```
In [15] : list(map(lambda x:x. upper(),lis))
Out[15] : ['A','B','A','C','B','A']
```

此处使用了匿名函数 lambda x:x. upper()，其功能是将字符串中的每个字母大写。

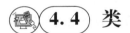

4.4　类

类（class）是一种抽象的数据类型，它允许创建具有特定属性和行为的对象。类是面向对象编程（OOP）的基础，它将数据和操作封装在一起，以创建可重用的代码。

4.4.1　函数和类的区别

有了自定义函数，为什么还有类？

类是一种抽象的数据类型，用于定义对象的属性和行为，并且类是一种强大的编程工具，它可以用来模拟现实世界、组织和管理复杂的代码系统、创建自定义的数据类型、保护数据的安全、复用和扩展代码，以及管理多线程环境中的并发问题。对象是类的实例，它具有类定义的属性和方法。

自定义函数就像是一个独立的工具，可以根据需要编写一段代码，将它封装成一个函数，以便重复利用。函数可以接收一些输入（参数），并根据输入执行特定的操作，最后返回结果。而类更像是一个模具或者模板，可以根据这个模板创建多个具有相似属性和行

为的对象。类定义了对象应该有哪些属性和可以执行哪些操作（方法）。可以根据一个类创建多个对象实例，每个实例都有自己的状态和行为，但都遵循了类的定义。

举个形象的例子，比如有一位面点师傅，他需要制作各种不同口味的馅饼。自定义函数就像是他制作馅饼的配方，可以编写一个函数来定义制作馅饼的步骤和所需的原料。每次他想制作某种馅饼时，只需使用这个函数，将所需的原料传入函数中，就能得到制作好的馅饼。他可以根据需要制作不同口味的馅饼，只需调用相应的函数。而类则更像是一个馅饼模具，它定义了馅饼的整体结构和特征，可以根据这个模具制作多个具有相同结构和特征的馅饼。类中的属性定义了馅饼的各种特征，比如口味、大小、形状等。而类中的方法定义了馅饼的操作，比如烘烤、装饰等。他可以根据这个类创建多个馅饼实例，每个实例都具有相同的结构和特征，但可以根据需要进行个性化的操作和装饰。

简而言之，函数是一份配方，类是一个模具。

类使用关键字 class 创建，定义一个类的基本语法如下：

```
class ClassName():
    # 类的属性和方法
    pass
```

其中，ClassName 是类的名称，按照命名规范应该使用驼峰命名法（每个单词的首字母均大写），其后的括号内若无参数，则可以省略。类的属性和方法定义在类的内部，可以包括数据属性和函数（称为方法）。示例代码如下：

```
In [1] : class Car:
    … :     def __init__(self,color,brand):
    … :         self.color = color
    … :         self.brand = brand
    … :
    … :     def display(self):
    … :         return "This is a {}{}".format(self.color,self.brand)
```

在这个例子中，Car 是一个类。__init__ 是一个特殊的方法（也称为类的构造函数），在创建类的新实例时被调用，其主要作用是接收参数，在这个例子中接收颜色和品牌参数。然后定义了一个名为 display 的方法，它返回一个字符串，包含汽车的颜色和品牌。

在 Python 中，函数和类具有以下区别：

（1）定义方式：函数使用 def 关键字定义，而类使用 class 关键字定义。

（2）功能和用途：函数是一段可重复使用的代码块，用于执行特定的操作或完成特定的任务。函数可以接收参数并返回一个值，也可以不接收参数或返回值。函数通常用于封装可重复使用的代码，提高代码的可读性和可维护性。类是一种对象的抽象模板，用于创建具有相似属性和行为的对象。类定义了对象的属性和方法，可以用于创建多个对象实例。类的实例具有特定的状态和行为，可以通过调用类的方法来操作和访问对象的属性。类通常用于实现面向对象编程的思想，将数据和操作封装在一起，提供更高层次的抽象。

（3）调用方式：函数通过函数名加括号的方式来调用，例如 function_name()，而类通过实例化创建对象，并通过对象调用类的方法，例如 object_name. method_name()。

（4）数据封装：函数通常不包含状态信息，它们接收参数并返回结果，但不维护任何状态。类可以包含属性，用于维护对象的状态和数据。类的属性可以在类的方法中访问和修改。

（5）继承和多态：类支持继承和多态的概念，可以通过继承创建子类，子类可以继承和扩展父类的属性和方法。多态允许不同的类实现相同的方法名，但具有不同的行为。函数没有继承和多态的概念。

总的来说，函数和类在功能和用途上有所区别。函数用于封装可重复使用的代码块，而类用于创建具有相似属性和行为的对象。函数通常用于处理一些独立的操作，而类用于实现更复杂的数据封装和面向对象编程的思想。

4.4.2 类的创建

在类中，属性是类的特征，它们用于存储对象的状态。属性可以是任意数据类型，例如整数、字符串、列表等。属性通常定义为类的变量，并在类的方法（类内函数）中使用。

方法是类的行为，是类中的函数，它们用于定义对象的操作，可以访问和操作类的属性。方法可以被调用来执行特定的任务。

下面是一个简单的示例，展示了一个名为 Person 的类，它具有属性和方法。

```
In [2] : class Person:
    … :     def __init__(self,name,age):
    … :         self. name = name
    … :         self. age = age
    … :
    … :     def say_hello(self):      # 必须带有 self 参数
    … :         print("Hello,my name is",self. name)
    … :
    … :     def get_age(self):
    … :         """返回虚岁"""
    … :         ag = self. age + 1
    … :         return ag
```

在上面的示例中，Person 类具有两个属性：name 和 age。它还有两个方法：say_hello 和 get_age。通过创建 Person 对象，我们可以访问对象的属性和调用对象的方法。

代码行"def __init__(self,name,age)"用于接收参数 name 和 age 的值,也称为变量初始化。在类内的自定义函数中,都必须带有参数 self,用于接收来自外部的参数值 name 和 age,并保存在类的内部,比如接收 name 的值为"张三",可以写为"self. name="张三"",即把外部的值"张三"赋给内部的 self. name。当然,此处的 self. name 也可以命名为其他名称,如 self. xm 或者 self. x。也就是说,self 后可以随意命名,但是不建议这样做,为了代码的可读性,建议将形参直接作为内部变量名,即使用 self. name。所以同理"self. age=age"表示接收外部的 age 值并赋给内部的 self. age。

定义好类后,就可以实例化对象。示例代码如下:

```
In [3] : person1 = Person("Alice",25)        # 创建一个 Person 对象
```

如上,实例化一个 person1 对象,赋值参数值为 Alice 和 25。

```
In [4] : person1. name              # 访问类的属性
Out[4] : 'Alice'
```

类内的变量即属性,属性可以直接访问,如 person1. name。当类内的属性不想被类外访问时,可以对变量命名时在前面加双下划线(__),表明该变量为私有属性,仅限类内调用。

```
In [5] : person1. say_hello()        # 调用对象的 say_hello 方法,输出:Hello,my name
                                       is Alice
Hello,my name is Alice

In [6] : person1. get_age()          # 调用对象的 get_age 方法并获取返回值
Out[6] : 25
```

类的方法即类内自定义函数,通过直接在类的对象后加点带方法的形式调用,如 person1. say_hello()。

4.5　函数和类的调用

写好一个函数和类之后,在其他文件代码中该如何调用呢?

首先我们将函数和类保存成". py"文件,放在默认的路径下,或放在当前代码文件夹下,便于当前代码的调用,具体的调用方法如下。

在同一个文件夹下调用。比如有一个加法 add 函数,保存并命名为 A. py,内容如下:

```
# A. py 文件
```

```
def add(x,y)：
    print('和为：%d'%(x+y))
```

下面要在另一个代码文件 B. py 中调用 A. py 中的加法 add 函数。调用时，我们需要把 A. py 文件导入，导入时使用 import 命令。B 文件的内容如下：

```
♯ B. py 文件
import A
A. add(2,3)
```

```
In [1] : import A
    … : A. add(2,3)
Out[1] :
和为：5
```

我们使用 A. py 文件中的 add 函数（方法），调用方法为 "A. add()"。

为了调用方便，减少输入的麻烦，调用时使用 from 指明具体调用函数的名称，这样就免去了每次调用时都需要添写前缀 "A."，方法如下：

```
from A import add
add(2,3)
```

```
In [2] : from A import add
    … : add(2,3)
Out[2] :
和为：5
```

类的调用与函数的调用方法一致。

函数和类的调用方法都是在同一个文件下的，对于不同文件下的调用，需要进行说明，即需要有一个"导引"。假如 Cl_A. py 文件的路径为：C:\Users\bg\Documents，现有 D:\yubg 下的 B. py 文件需要调用 Cl_A. py 文件中类 Ax 的 add 函数，调用方法如下：

```
import sys
sys. path. append(r' C:\Users\bg\Documents ')

import Cl_A
a = Cl_A. Ax(2,3)
a. add()
```

4.6 包和模块

下面先看一个例子。

```
In [1] : a = [1.23e + 18,1, -1.23e + 18]

In [2] : sum(a)
Out[2] : 0.0
```

怎么结果会是 0 呢？再执行下面的代码：

```
In [3] : import math
    … : math. fsum(a)
Out[3] : 1.0
```

不同的计算机由于浮点数的运算问题，会导致上面代码的运算结果存在系统差异。但是引入一个 math 模块后，计算结果就正常了。

4.6.1 模块的导入

模块（module）是包含函数和其他语句的 Python 脚本文件，它以 ".py" 为后缀名。将编写的代码保存为文件，这个文件就是一个模块，如 yu. py 文件，其中文件名 yu 也为模块名称。

在 Python 中，可以通过导入模块来使用模块中提供的函数或者变量。模块的导入方法如下，以 math 模块为例：

（1）import math：导入 math 模块。

（2）import math as m：导入 math 模块并取别名为 m。

（3）from math import exp as e：导入 math 库中的 exp 函数并取别名为 e。

若使用 "import 模块名" 模式导入模块中的函数，则必须以 "模块名.函数名" 的形式调用函数；若使用 "import 模块名 as 别名" 模式导入模块中的函数，则必须以 "别名.函数名" 的形式调用函数；而 from 是将模块中的某个函数导入，所以使用 from 导入模块中的某个函数时可以直接使用函数名调用，不必在前面加上模块名称。如上例导入的 math 模块可以使用如下方式调用：

```
In [4] : import math as m        ♯ 为 math 模块取别名 m,使用时用 m 代替 math
    … : a = [1.23e + 18,1, -1.23e + 18]
```

```
     … : m. fsum(a)
Out[4] : 1.0

In [5] : from math import fsum            # 直接导入 math 模块中的 fsum 函数
    … : a = [1. 23e + 18,1, − 1. 23e + 18]
    … : fsum(a)                           # 直接使用 fsum 函数,不再使用 math. fsum
Out[5] : 1.0
```

使用 from 导入模块中的函数后，再使用模块中的函数会方便很多，不用每次再输入模块名。如果想将多个模块中的所有函数都采用这种方式导入，则可以在 from 中使用通配符"*"，表示导入模块中的所有函数，但不建议这样使用，以免内置函数和模块中的函数重名而引起错误。

模块就是一个扩展名为".py"的程序文件，我们可以直接调用它，以节省时间和精力，无须重复编写同样的代码。调用模块时最好将被调用文件和调用文件置于同一个文件夹下，若不在同一个文件夹下，也可以用临时访问文件的方法，如当前文件需要调用 E:/yubg/python 中的 ybg. py 文件，调用方法如下：

```
import sys
sys. path. append('E:/yubg/python')


import ybg
```

如前所述的函数和类的调用方法就是模块的调用方法。

4.6.2 包的导入

Python 包（package）是一个有层次的文件目录结构，它定义了由 n 个模块或子包组成的 Python 应用程序执行环境。简单来说，包是一个包含__init__. py 文件的文件夹，该文件夹下一定有__init__. py 文件和其他模块或子包，且并不在乎__init__. py 文件里面有什么内容。

多个关系密切的模块组成一个包，以便维护和使用。这项技术能有效避免命名空间冲突。创建一个名为包名的文件夹，并在该文件夹下创建一个__init__. py 文件，这样就定义了一个包。可以根据需要在该文件夹下存放资源文件、已编译扩展的文件及子包。举例来说，一个包可能有以下结构：

```
yubg/
    __init__. py
    index. py
    Primitive/
```

```
            __init__. py
            lines. py
            fill. py
            text. py
            ...
        yubg_1/
            __init__. py
            plot2d. py
            ...
```

可以使用以下几种 import 语句导入包中的模块：

```
# 导入 yubg. Primitive. fill 模块,只能以全名访问模块属性
import yubg. Primitive. fill
yubg. Primitive. fill. floodfill(img, x, y, color)


# 导入 fill 模块,只能以"fill. 属性名"这种方式访问模块属性
from yubg. Primitive import fill
fill. floodfill(img, x, y, color)


# 导入 fill 模块,并将 floodfill 函数放入当前命名空间,直接访问被导入的属性
from yubg. Primitive. fill import floodfill
floodfill(img, x, y, color)
```

当然，并不是所有模块和包甚至库都可以直接用 import 的三种方式导入，只有在 Anaconda 中内置了该模块、包和库时，才可以这样使用。比如需要对某文本进行分词，则需要先安装第三方库 jieba，打开 Anaconda 菜单目录下的 "Anaconda Prompt"，运行命令 "pip install jieba"，安装完成后，才能使用 import 调用，这部分内容在第 1 章中已经学习过。

练　习

1. 编写一个自定义函数，当给出一段英文文本时，函数会自动输出文本中各单词出现的频率的字典。

2. 编写一个函数，将两个列表自动组合成字典。

3. 编写一个函数，将给定的列表中的元素进行分类，若是数字，则放在列表 num 中，若是其他字符，则放在列表 strs 中。如 [1,"a","2",3,"c"]，输出为 num=[1,'2',3]，strs=['a','c']。

4. 编写一个类，能识别输入的身份证号码的对错，该类还有输出省份、出生年月、性别的方法。

第 5 章　numpy

numpy 是 Python 用于科学计算的第三方库，是数值计算的基础模块。numpy 支持任意维度的数组与矩阵的运算，并且提供了大量对数组进行处理的函数。这些函数可以直接作用于 ndarray 数组对象的每个元素，因此，使用 ndarray 的运算速度要比使用循环或者列表推导式快得多。Python 的其他一些第三方库（如 pandas、scipy、TensorFlow 等）在一定程度上都依赖于 numpy 库。

Anaconda 会默认安装一些基础库，其中就包括 numpy 和 pandas。和所有第三方库一样，使用 numpy 前，需先进行导入操作，导入命令为：

```
import numpy as np
```

注意，使用 np 作为 numpy 的别名是一种约定俗成的做法。

5.1　数组的创建

在 Python 中，使用 numpy 库可以轻松创建数组。以下是创建 numpy 数组的一些基本方法。

可以使用一个列表或者元组通过 array 创建一维数组，示例代码如下：

```
In [1] : import numpy as np

In [2] : lis = [1,2,3,4,5]
    … : arr1 = np. array(lis)
    … : arr1
Out[2] : array([1,2,3,4,5])

In [3] : tup = tuple(lis)
    … : np. array(tup)
Out[3] : array([1,2,3,4,5])
```

同理，二元列表和元组可以创建二维数组，示例代码如下：

```
In [4]: lis2 = [[1,2,3],[4,5,6],[7,8,9]]
   ...: arr2 = np.array(lis2)
   ...: arr2
Out[4]:
array([[1,2,3],
       [4,5,6],
       [7,8,9]])
```

也可以使用数组函数创建数组，如使用 numpy.zeros 创建一个全零数组，示例代码如下：

```
In [5]: arr3 = np.zeros((3,3))        # 全零数组
   ...: arr3
Out[5]:
array([[0.,0.,0.],
       [0.,0.,0.],
       [0.,0.,0.]])

In [6]: arr4 = np.eye(3)              # 创建一个单位矩阵
   ...: arr4
Out[6]:
array([[1.,0.,0.],
       [0.,1.,0.],
       [0.,0.,1.]])
```

numpy 中有多种创建 ndarray 数组的函数，常用的如表 5-1 所示。

表 5-1　创建数组的常用函数

函数	功能	参数说明
np.array(object,dtype)	用列表或元组创建数组	object：列表或元组 dtype：数据类型（可选参数）
np.arange(start,stop,step)	创建一个一维数组	start：起始值，可选参数，默认为 0 stop：终止值（不包含） step：步长，可选参数，默认为 1
np.random.rand(shape)	随机生成一个元素值为 [0,1) 之间的随机数数组	shape：数组形状

续表

函数	功能	参数说明
np. random. randn(shape)	随机生成一个元素值服从正态分布的随机数数组	shape：数组形状
np. random. randint(start,stop,shape)	随机生成一个元素值服从离散均匀分布的整数数组	start：起始值（包含） stop：终止值（不包含） shape：数组形状
np. random. uniform(start,stop,shape)	随机生成一个元素值服从均匀分布的浮点数数组	start：起始值（包含） stop：终止值（不包含） shape：数组形状
np. ones(shape,dtype)	创建全 1 数组	shape：数组形状 dtype：数据类型（可选参数）
np. zeros(shape,dtype)	创建全零数组	shape：数组形状 dtype：数据类型（可选参数）
np. full(shape,val)	创建元素值全为 val 的数组	shape：数组形状 val：数组元素值
np. eye(shape)	创建对角线元素值为 1 的单位矩阵	shape：数组形状
np. linspace(start,stop,n)	创建一维等差数列数组	start：起始值 stop：终止值 n：数组元素个数
np. logspace(start,stop,n)	创建一维等比数列数组	start：起始值 stop：终止值 n：数组元素个数

表 5-1 中表示数组形状的 shape 参数若只有 1 个数值，则为一维数组；若给出 2 个数值，则为二维数组，如（3,4）表示 3 行 4 列的数组；若给出 3 个数值，则为三维数组，依此类推。

创建数组时，若没有指定数组的数据类型，numpy 会根据数组中数据元素的值推断出一个合适的数据类型，如果想要指定数据类型，可以通过 dtype 参数指定。示例代码如下：

```
In [7]: np. array([1,2,3],dtype = float)
Out[7]: array([1. ,2. ,3. ])
```

在前面的章节中学习过 range 函数，该函数用来生成一个整数序列，其步长只能是整数。但是若要生成一个步长为小数（如 0.1）的序列，该怎么处理呢？可以用 numpy 中的 arange 函数生成。arange 函数和 range 函数的使用方式一致，不同的是 arange 函数的参数可以是小数。示例代码如下：

```
In [8] : arr5 = np. arange(10)        # 创建 0～10 之间默认步长为 1 的数组
   … : arr5
Out [8] : array([0,1,2,3,4,5,6,7,8,9])
```

将数组转化为列表可以使用数组的 tolist 函数，也可以使用 list 函数。示例代码如下：

```
In [9] : arr5. tolist()               # 数组转化为列表
Out [9] : [0,1,2,3,4,5,6,7,8,9]

In [10] : list(arr5)                  # 数组转化为列表
Out[10] : [0,1,2,3,4,5,6,7,8,9]

In [11] : arr6 = np. arange(1,2,0. 2)  # 从[1,2)中每隔 0.2 取一个值
   … : arr6
Out[11] : array([1. ,1. 2,1. 4,1. 6,1. 8])

In [12] : _. tolist()
Out[12] : [1. 0,1. 2,1. 4,1. 599999999999999,1. 7999999999999998]
```

在 In［12］中使用了运算符"_"，表示上一次运算的结果。

由于浮点运算的影响，Out［12］中的结果数值与数组的值并不一致，而是以近似值显示。

在数据处理过程中，经常会用到随机模拟数据，如创建一个 0～100 之间的 2×3 的数组，或者生成一个包含 10 个 0～1 之间服从正态分布的浮点数的数组，可以使用 np. random 的随机函数 rand、randn、randint 创建随机数数组，它们之间的区别如下。

（1）np. random. rand()：用于生成指定形状的服从［0,1）之间均匀分布的随机数。它接收多个参数来指定返回数组的形状，每个参数对应于生成数组的一个维度。例如，np. random. rand(3,2) 将生成一个形状为（3,2）的二维数组。

（2）np. random. randn()：用于生成指定形状的服从标准正态分布（均值为 0，标准差为 1）的随机数。与 np. random. rand() 类似，它也接收多个参数来指定返回数组的形状。例如，np. random. randn(3,2) 将生成一个形状为（3,2）的二维数组。

（3）np. random. randint()：用于生成指定范围内的随机整数，默认为 int。它接收三个参数，分别是最小值、最大值和返回数组的形状。例如，np. random. randint(0,10,(3,2)) 将生成一个形状为（3,2）的二维数组，其中的元素是 0～9（不包括 10）之间的随机整数。

示例代码如下：

```
In [13] : np. random. rand()        # 随机生成 1 个服从[0,1)之间均匀分布的随机数
Out[13] : 0.9636627605010293

In [14] : np. random. rand(2)        # 随机生成 2 个服从[0,1)之间均匀分布的随机数
Out[14] : array([0.38344152, 0.79172504])

In [15] : np. random. rand(2, 3)   # 随机生成 2×3 形状的服从[0,1)之间均匀分布的随机数
Out[15] :
array([[0.52889492, 0.56804456, 0.92559664],
       [0.07103606,  0.0871293,  0.0202184]])
```

np. random. rand() 生成服从 [0,1) 之间均匀分布的随机数。

```
In [16] : np. random. randn()
Out[16] : 0.48431215412066475

In [17] : np. random. randn(3)
Out[17] : array([0.57914048, − 0.18158257, 1.41020463])

In [18] : np. random. randn(3, 2)
Out[18] :
array([[ − 0.37447169, 0.27519832],
       [ − 0.96075461, 0.37692697],
       [  0.03343893, 0.68056724]])
```

np. random. randn() 生成服从标准正态分布的随机数。

```
In [19] : np. random. randint(0, 10, (3, 2))
Out[19] :
array([[0, 0],
       [4, 5],
       [5, 6]])
```

np. random. randint() 生成指定范围内的随机整数，其参数也可以是 1 个或 2 个。np. random. randint(10) 生成一个 0~9 之间的随机整数，np. random. randint(5, 10) 生成一个 5~9 之间的随机整数。

```
In [20] : np. random. randint(10)        # 生成一个 0~9 之间的随机整数
Out[20] : 8
```

```
In [21] : np. random. randint(0,10,5)
Out[21] : array([4,1,4,9,8])
```

需要注意的是，这些函数生成的随机数都具有可重复性，这是因为它们是基于固定的种子生成的。可以通过设置种子来保证每次运行代码时生成的随机数都是相同的，例如"np. random. seed(0)"。示例代码如下：

```
In [22] : np. random. seed(0)
      … : np. random. rand()
Out[22] : 0.5488135039273248

In [23] : np. random. seed(0)
      … : np. random. rand()
Out[23] : 0.5488135039273248
```

上面两次运行的随机数种子均设为 0，因此其结果也一致。

ndarray 数组对象有 6 个常用属性，如表 5-2 所示。创建数组后，可以查看其对象属性的值。

表 5-2　ndarray 数组对象的常用属性

属性	说明
ndarray. ndim	获取数组轴的个数，也就是数组的维度
ndarray. shape	获取数组的形状，返回一个表示数组形状的元组
ndarray. size	获取数组元素的个数
ndarray. dtype	获取数组元素的数据类型
ndarray. itemsize	获取数组中每个元素的大小，以字节为单位
ndarray. T	数组的转置

示例代码如下：

```
In [24] : arr7 = np. random. randint(0,10,(3,5))    # 创建一个 3 行 5 列的二维数组
      … : print("数组为:\n",arr7)
数组为:
[[5 0 3 3 7]
 [9 3 5 2 4]
 [7 6 8 8 1]]

In [25] : arr7. shape
Out[25] : (3,5)
```

```
In [26] : arr7. size
Out[26] : 15

In [27] : arr7. T                    # 转置
Out[27] :
array([[5,9,7],
       [0,3,6],
       [3,5,8],
       [3,2,8],
       [7,4,1]])

In [28] : arr7. dtype
Out[28] : dtype('int32')
```

5.2　数组操作

数组的操作有很多，如数组变换、数组类型转换、数组拼接与分割、数组排序，等等。

5.2.1　数组变换

数组创建后，可根据需求改变数组的基础形态，如进行改变形状、转置、展平等操作，表 5-3 列出了常用的数组变换方法。

表 5-3　数组变换方法

方法	说明
ndarray. reshape(m,n)	将原数组变换为 m 行 n 列，不改变原数组
ndarray. resize(m,n)	直接将原数组修改为 m 行 n 列
ndarray. flatten()	不改变原数组，返回将原数组展平成一维数组的副本
ndarray. ravel()	将原数组展平成一维数组，不改变原数组，只返回原数组的一个视图
ndarray. transpose()	数组转置，将数组的行变成列

使用 reshape 方法改变数组形状不会修改原数组，而是生成了一个新的数组。使用 resize 方法的效果与 reshape 方法相同，但是会直接在原数组上进行操作。对于 reshape 和 resize 方法，若将参数 m 和 n 中的一个设置为 -1，则表示数组的维度通过数组元素的个

数自动计算。示例代码如下：

```
In [1] : import numpy as np
    ... : narr1 = np. arange(12)
    ... : narr1
Out[1] : array([0,1,2,3,4,5,6,7,8,9,10,11])

In [2] : narr1. reshape(3,4)        ♯ 将一维数组 narr1 修改为 3 行 4 列的数组
Out[2] :
array([[0,1, 2, 3],
       [4,5, 6, 7],
       [8,9,10,11]])

In [3] : narr1                      ♯ 数组 narr1 本身没有被改变
Out[3] : array([0,1,2,3,4,5,6,7,8,9,10,11])

In [4] : narr1. reshape(6,-1)       ♯ 自动计算列数
Out[4] :
array([[ 0,  1],
       [ 2,  3],
       [ 4,  5],
       [ 6,  7],
       [ 8,  9],
       [10,11]])
```

5.2.2　数组类型转换

　　虽然数组要求所有元素的数据类型必须相同，但在需要时也可以通过 astype 方法对数组中元素的数据类型进行转换。需要注意的是，如果将浮点数转换为整数，则小数部分会被截断。

　　如创建一个元素全为字符串的数组，先将其转换为浮点数，再转换为整数。示例代码如下：

```
In [5] : narr2 = np. full((3,3),"1. 1")
    ... : narr2
Out[5] :
```

```
array([['1. 1','1. 1','1. 1'],
       ['1. 1','1. 1','1. 1'],
       ['1. 1','1. 1','1. 1']], dtype = '<U3')
```

```
In  [6] : narr2. dtype                    # 查看数组 narr2 的数据类型
Out [6] : dtype('<U3')
```

```
In  [7] : nar = narr2. astype(float)      # 将数组 narr2 的数据类型转换为浮点型
    … : nar
Out [7] :
array([[1. 1,1. 1,1. 1],
       [1. 1,1. 1,1. 1],
       [1. 1,1. 1,1. 1]])
```

```
In  [8] : nar. dtype                      # 查看数组转换后的数据类型
Out [8] : dtype('float64')
```

```
In  [9] : nar. astype(int)                # 将数组 nar 的数据类型转换为整型
Out [9] :
array([[1,1,1],
       [1,1,1],
       [1,1,1]])
```

```
In [10] : _. dtype                        # 查看数组转换后的数据类型
Out[10] : dtype('int32')
```

5.2.3 数组拼接与分割

numpy 中用 vstack 和 hstack 函数实现两个数组的拼接；用 concatenate 函数一次实现多个数组的拼接。基本使用方法如下：

（1）np. vstack((a,b))：将数组 a 和 b 沿竖直方向拼接，要求两个数组的列数一致。

（2）np. hstack((a,b))：将数组 a 和 b 沿水平方向拼接，要求两个数组的行数一致。

（3）np. concatenate((a1,a2,…),axis)：将 a1，a2 等多个数组进行拼接，当 axis＝0 时沿竖直方向拼接（默认），当 axis＝1 时沿水平方向拼接。

示例代码如下：

```
In [11] : a = np. full((2,3),1)
     … : a
Out[11] :
array([[1,1,1],
       [1,1,1]])

In [12] : b = np. full((2,3),2)
     … : b
Out[12] :
array([[2,2,2],
       [2,2,2]])

In [13] : np. hstack((a,b))                    # 将数组 a,b 沿水平方向拼接
Out[13] :
array([[1,1,1,2,2,2],
       [1,1,1,2,2,2]])

In [14] : np. vstack((a,b))                    # 将数组 a,b 沿竖直方向拼接
Out[14] :
array([[1,1,1],
       [1,1,1],
       [2,2,2],
       [2,2,2]])

In [15] : c = np. full((2,3),3)
     … : c
Out[15] :
array([[3,3,3],
       [3,3,3]])

In [16] : np. concatenate((a,b,c),axis = 1)    # 将数组 a,b,c 沿水平方向拼接
Out[16] :
array([[1,1,1,2,2,2,3,3,3],
       [1,1,1,2,2,2,3,3,3]])
```

numpy 中使用 vsplit、hsplit 和 split 函数分别实现数组横向、纵向和指定方向的分割。基本使用方法如下：

（1）np. vsplit((a,v))：将数组 a 沿水平方向分割成 v 等份。

（2）np. hsplit((a,v))：将数组 a 沿竖直方向分割成 v 等份。

（3）np. split(a,v,axis)：若 v 为整数，则将数组 a 平均分割成 v 等份；若 v 为数组，则数组中的元素值为分割位置。当 axis＝0 时，沿水平方向分割（默认）；当 axis＝1 时，沿竖直方向分割。

示例代码如下：

```
In [17]：aa = np. array([[1,2,3,4],[1,2,3,4],[1,2,3,4],[1,2,3,4]])
    …：aa
Out[17]：
array([[1,2,3,4],
       [1,2,3,4],
       [1,2,3,4],
       [1,2,3,4]])


In [18]：np. vsplit(aa,2)          # 将数组 aa 沿水平方向分割成 2 等份
Out[18]：
[array([[1,2,3,4],
        [1,2,3,4]]),
 array([[1,2,3,4],
        [1,2,3,4]])]


In [19]：np. hsplit(aa,2)          # 将数组 aa 沿竖直方向分割成 2 等份
Out[19]：
[array([[1,2],
        [1,2],
        [1,2],
        [1,2]]),
 array([[3,4],
        [3,4],
        [3,4],
        [3,4]])]


In [20]：np. split(aa,2,axis = 1)
Out[20]：
[array([[1,2],
        [1,2],
        [1,2],
        [1,2]]),
```

```
array([[3,4],
       [3,4],
       [3,4],
       [3,4]])]
```

5.2.4　数组排序

在 numpy 中，可以使用 sort 函数对数组进行按行或按列排序，还可以使用 argsort 函数获取数组元素排序后的索引位置。基本使用方法如下：

（1）np. sort(a,axis)：对数组 a 按行或按列排序，生成一个新的数组。当 axis＝1 时，按行排序；当 axis＝0 时，按列排序。

（2）a. sort(axis)：对数组 a 使用 sort 函数排序，因为 sort 函数直接作用于数组对象，所以会改变原数组。

（3）np. argsort(a)：返回数组 a 中的元素按行排序的索引位置。

示例代码如下：

```
In [21] : narr1 = np. array([[1,4,3,2],[11,10,9,12],[7,6,5,8]])
      … : narr1
Out[21] :
array([[ 1, 4,3, 2],
       [11,10,9,12],
       [ 7, 6,5, 8]])


In [22] : np. sort(narr1,axis = 1)        # 对数组按行排序,原数组不发生改变
Out[22] :
array([[1, 2, 3, 4],
       [9,10,11,12],
       [5, 6, 7, 8]])


In [23] : narr1                           # 原数组没有改变
Out[23] :
array([[ 1, 4,3, 2],
       [11,10,9,12],
       [ 7, 6,5, 8]])


In [24] : narr1. sort(axis = 0)           # 对数组按列排序,直接在原数组上修改
```

```
In [25] : narr1                    # 原数组被改变
Out[25] :
array([[ 1, 4,3, 2],
       [ 7, 6,5, 8],
       [11,10,9,12]])


In [26] : np. argsort(narr1)       # 返回数组 narr1 中的元素按行排序的索引位置
Out[26] :
array([[0,3,2,1],
       [2,1,0,3],
       [2,1,0,3]], dtype = int64)
```

5.3 条件筛选

数组中的元素可以通过索引和切片进行访问和修改，操作同列表。

对数组元素进行筛选可以通过条件表达式和 where 函数实现。

5.3.1 条件表达式筛选

例如，创建 32～55 之间的随机整数数组，表示 12 岁儿童的体重（kg），并分别筛选出其中低于 35kg 和在 40～50kg 之间的体重数据。示例代码如下：

```
In [1] : import numpy as np
    ... : w = np. random. randint(32,55,(3,5))
    ... : w
Out[1] :
array([[35,38,53,34,45],
       [48,45,45,42,46],
       [47,42,39,42,42]])
```

获取体重低于 35kg 的数据。

```
In [2] : w<35                      # 获取体重低于 35kg 的布尔数组
Out[2] :
array([[False,False,False, True,False],
       [False,False,False,False,False],
       [False,False,False,False,False]])
```

上述代码返回的是逻辑值，从一堆逻辑值之中很难发现要找的数据，但是逻辑值可以作为索引使用。

```
In [3] : w[w<35]                     ♯ 筛选出体重低于 35kg 的数组元素
Out[3] : array([34])
```

逻辑值作为索引时仅返回真值。

```
In [4] : cond = (w> = 40)&(w< = 50)    ♯ 获得体重在 40～50kg 之间的布尔数组
   … : cond
Out[4] :
array([[False,False,False,False,True],
      [ True, True, True, True,True],
      [ True, True,False, True,True]])

In [5] : w[cond]
Out[5] : array([45,48,45,45,42,46,47,42,42,42])
```

5.3.2　where 函数筛选

在 numpy 中，可以使用 where 函数返回数组中满足给定条件的元素的索引，语法格式如下：

　　np. where(*condition*)

condition 为筛选条件，返回结果以元组的形式给出，原数组有多少维，输出的元组中就包含多少个数组，分别对应符合条件的元素的各维度索引。

例如，使用 where 函数筛选上述儿童体重在 40～50kg 的数组元素。示例代码如下：

```
In [6] : idx = np. where((w> = 40)&(w< = 50))    ♯ 获得体重在 40～50kg 之间的数组
                                                     元素的索引
   … : idx
Out[6] :
(array([0,1,1,1,1,1,2,2,2,2],dtype = int64),
 array([4,0,1,2,3,4,0,1,3,4],dtype = int64))
```

注意，这里返回的结果元组中的第一个是满足条件的行索引，第二个是满足条件的列索引，如结果元组 idx[0][0] 是 0，idx[1][0] 是 4，组合起来就是（0,4）索引位置，该位置上的元素为 45。

根据数组元素的索引，筛选出体重在 40～50kg 之间的数组元素。

```
In [7] : w[idx]
Out[7] : array([45,48,45,45,42,46,47,42,42,42])
```

5.4 数组的运算

数组的运算包括数组间的算术运算、广播机制以及统计运算等。

5.4.1 算术运算

数组的算术运算是对数组的每个元素分别进行算术运算，结果得到形状相同的数组。数组支持的算术运算有加（＋）、减（－）、乘（*，包括（**））、除（/），进行运算的两个数组必须形状相同。

例如，创建两个相同形状的数组，并对数组进行算术运算。示例代码如下：

```
In [1] : import numpy as np
    … : a = np. random. randint(0,10,(3,4))    # 创建一个 3 行 4 列的随机整数数组 a
    … : a
Out[1] :
array([[6,7,0,1],
       [2,8,1,9],
       [0,1,8,8]])


In [2] : b = np. random. randint(0,10,(3,4))    # 创建一个 3 行 4 列的随机整数数组 b
    … : b
Out[2] :
array([[3,2,8,9],
       [7,8,4,5],
       [1,2,1,3]])


In [3] : a + b                                   # 数组 a,b 相加
Out[3] :
array([[9, 9,8,10],
       [9,16,5,14],
       [1, 3,9,11]])
```

```
In [4] : a*b                         # 数组 a,b 相乘
Out[4] :
array([[18,14,0, 9],
       [14,64,4,45],
       [ 0, 2,8,24]])


In [5] : a/b                         # 数组 a,b 相除
Out[5] :
array([[2.          ,3.5      ,0.         , 0. 11111111],
       [0. 28571429,1.       ,0. 25      ,1. 8        ],
       [0.          ,0. 5     ,8.         ,2. 66666667]])
```

5.4.2 广播机制

　　广播（broadcast）是在 numpy 中对不同形状的数组进行数值计算的方式。当两个不同形状的数组进行算术运算时，就会自动触发广播机制。广播机制的规则有以下几点：

　　（1）参与运算的数组都向其中形状最长的数组看齐，形状长度不够时加 1 补齐。

　　（2）运算结果数组的形状是参与运算的数组的形状各维度上的最大值。

　　（3）若参与运算的数组的某个维度和运算结果数组的对应维度的长度相等或者长度为 1，则该数组能够用来计算，否则报错。

　　（4）若参与运算的数组的某个维度的长度为 1，沿着此维度运算时都使用该维度上的第一组元素。

　　例如，创建两个不同形状的数组，利用 numpy 的广播机制进行算术运算。示例代码如下：

```
In [6] : a = np. array([10,0,2])
   ... : b = np. array([[1,2,3],[4,5,6],[7,8,9]])


In [7] : a*b
Out[7] :
array([[10,0, 6],
       [40,0,12],
       [70,0,18]])
```

5.4.3 数学运算函数

　　numpy 提供了一系列数学运算函数，常用的数学运算函数如表 5 - 4 所示。

表 5 - 4   numpy 中常用的数学运算函数

函数	说明
np. abs(a)，np. fabs(a)	计算 a 中各元素的绝对值
np. sqrt(a)	计算 a 中各元素的平方根
np. square(a)	计算 a 中各元素的平方
np. sign(a)	计算 a 中各元素的符号值
np. exp(a)	计算 a 中各元素的指数值
np. ceil(a)	计算 a 中各元素大于或等于其自身的最小整数，即向上取整
np. floor(a)	计算 a 中各元素小于或等于其自身的最大整数，即向下取整
np. rint(a)	对 a 中各元素四舍五入取整
np. round(a,n)	对 a 中各元素四舍五入保留 n 位小数
np. equal(a,b)	比较 a、b 两个数组的对应元素是否相等，返回布尔数组
np. not_equal(a,b)	比较 a、b 两个数组的对应元素是否不相等，返回布尔数组
np. cos(a)，np. sin(a)，np. tan(a)	计算 a 中各元素的三角函数

示例代码如下：

```
In  [8] : a2 = np. arange(9). reshape(3,3)    # 创建 3 行 3 列的数组 a2
       … : a2
Out [8] :
array([[0,1,2],
       [3,4,5],
       [6,7,8]])


In  [9] : b_1 = np. sqrt(a2)                 # 计算数组 a2 中每个元素的平方根
       … : b_1
Out [9] :
array([[0.          ,1.          ,1.41421356],
       [1.73205081,2.          ,2.23606798],
       [2.44948974,2.64575131,2.82842712]])


In [10] : b_2 = np. round(b_1,2)             # 对数组 b_1 中的每个元素四舍五入保留
                                               2 位小数
       … : b_2
Out[10] :
array([[0.   ,1.   ,1.41],
       [1.73,2.   ,2.24],
       [2.45,2.65,2.83]])
```

```
In [11] : b_3 = np.ceil(b_2)        # 对数组 b_2 中的每个元素向上取整
    ... : b_3
Out[11] :
array([[0. , 1. , 2. ],
       [2. , 2. , 3. ],
       [3. , 3. , 3. ]])

In [12] : np.equal(b_2, b_3)        # 比较 b_2、b_3 两个数组的对应元素是否相等
Out[12] :
array([[ True,  True, False],
       [False,  True, False],
       [False, False, False]])
```

5.4.4 统计运算

numpy 可以对大规模数组进行数据处理，也提供了很多统计函数，常用的统计函数如表 5-5 所示。

表 5-5 numpy 中常用的统计函数

函数	说明
np. sum(a,axis)	计算数组 a 中元素的和
np. mean(a,axis)	计算数组 a 中元素的均值
np. max(a,axis)	求数组 a 中元素的最大值
np. min(a,axis)	求数组 a 中元素的最小值
np. argmax(a,axis)	求数组 a 中最大值元素的索引
np. argmin(a,axis)	求数组 a 中最小值元素的索引
np. std(a,axis)	计算数组 a 中元素的标准差
np. var(a,axis)	计算数组 a 中元素的方差
np. cov(a)	计算数组 a 中元素的协方差
np. cumsum(a,axis)	计算数组 a 中元素的累加和
np. cumprod(a,axis)	计算数组 a 中元素的累计乘积

需要注意的是，统计的范围可以是数组整体，也可以按行或按列进行，这主要由 axis 参数决定，当 axis=1 时表示按行统计，当 axis=0 时表示按列统计，当不设置 axis 的值时表示对数组中的所有元素进行统计。

表 5-6 给出了 6 岁、8 岁、12 岁和 14 岁各 10 个男孩的身高。根据表中数据创建数

组，并进行统计。

表 5-6　不同年龄男孩的身高　　　　　　　　　　　　　　　　　　单位：厘米

年龄（岁）	编号									
	1	2	3	4	5	6	7	8	9	10
6	129.7	106.9	131	106.5	114.4	117	107.7	111.9	111.5	130.4
8	133.1	121.6	131.4	123.5	133.6	131.7	121.1	128.7	120	131.6
12	155.7	153.6	157.7	147.2	150.9	151.9	155.6	154.8	147.3	151.9
14	171.3	164.1	163.6	168.5	170.3	161.5	164	160.4	160.4	165.2

示例代码如下：

```
In [13] : ww = np. array([[129.7,106.9,131.,106.5,114.4,117.,107.7,111.9,111.5,
          130.4],
          [133.1,121.6,131.4,123.5,133.6,131.7,121.1,128.7,120.,131.6],
          [155.7,153.6,157.7,147.2,150.9,151.9,155.6,154.8,147.3,151.9],
          [171.3,164.1,163.6,168.5,170.3,161.5,164.,160.4,160.4,165.2]])
    ... : np. mean(ww)              # 计算所有身高的平均值
Out[13] : 140.47999999999996

In [14] : np. mean(ww,axis = 1)     # 按行分别计算不同年龄男孩身高的平均值
Out[14] : array([116.7,127.63,152.66,164.93])

In [15] : np. argmax(ww,axis = 1)   # 按行分别查找不同年龄男孩身高的最大值的索引
Out[15] : array([2,4,2,0],dtype = int64)
```

✎ 练 习

1. 随机生成一个 1~100 之间的 10×4 的数组。

2. 将数组中含有的某个指定数 n 从数据行中找出来，并编写自定义函数 rand_df_num(n)。

第 6 章　pandas

pandas 是 Python 中基于 numpy 的数据分析工具，它是一个强大的分析结构化数据的工具集。pandas 提供的数据结构具有数据处理灵活、速度快、富有表现力等特点，使得数据分析更加高效强大，因而广泛应用于金融、统计、学术研究、工程等领域。

Anaconda 平台默认已经安装了 pandas 库，用户可以直接导入使用。常用的 pandas 库的导入命令为：

```
import pandas as pd
```

pandas 常用的数据结构有 Series 和 DataFrame 两种。

6.1　Series 数据结构

Series 是带标签（索引）的一维数组，DataFrame 则是带标签的二维表格数据结构，类似于 Excel 的表格。

6.1.1　Series 的创建

Series 是一维数组序列，也称为序列，可用于存储一行或一列数据。它由一组数据和相应的数据标签组成，数据标签也称为索引。Series 类似于 numpy 中带标签的一维数组，不同的是该标签为"显性"的，且 Series 的索引不局限于整数，还可以自定义为字符串，如 a、b、c、d，甚至是 first、second、third 等，其默认的索引是从 0 开始的自然数。使用索引可以非常方便地在 Series 序列中取值。

Series 对象使用 pd. Series 函数创建，语法格式如下：

```
pd. Series(data,index,dtype)
```

其中，data 为序列数据，可以是 list、dict 或 numpy 中的一维 ndarray 数组；index 为序列索引（标签），可以用列表表示，默认为从 0 开始自动递增的整数索引；dtype 为序列的数据类型，默认根据 data 中的数据自动设置。

例如，分别通过 list、dict 和一维 ndarray 数组创建 Series 对象。示例代码如下：

```
In [1] : import numpy as np
    … : import pandas as pd
    … : series1 = pd. Series([45,12,56,24,35],['a','b','c','d','e'])    # 直接给定列表创
                                                                          建序列 series1

    … : series1
Out[1] :
a    45
b    12
c    56
d    24
e    35
dtype: int64


In [2] : lis = [60.5,1620,447,2890,345,1800,1970,37.8]
    … : elem = ['Ca','K','Fe','Cl','P','S','Na','Mg']
    … : bld = pd. Series(lis,elem)      # 通过列表 lis 和 elem 创建序列 bld
    … : bld
Out[2] :
Ca      60.5
K     1620.0
Fe     447.0
Cl    2890.0
P      345.0
S     1800.0
Na    1970.0
Mg      37.8
dtype: float64


In [3] : narr1 = np. array(['father','mother','brother','sister','son','daughter'])
    … : cn = pd. Series(narr1)          # 通过数组 narr1 创建序列 cn
    … : cn
Out[3] :
0     father
1     mother
2    brother
3     sister
```

```
4        son
5    daughter
dtype: object

In [4] : dict1 = {'orange':4.0,'pear':3.5,'apple':6,'grape':12.5}
    … : price = pd.Series(dict1)        # 通过字典 dict1 创建序列 price,索引为字典
                                           的键
    … : price
Out[4] :
orange    4.0
pear      3.5
apple     6.0
grape    12.5
dtype: float64
```

6.1.2　访问 Series

Series 对象也可以通过其所在的位置、对应的标签（索引）进行访问，还可以进行切片和按条件筛选。示例代码如下：

```
In [5] : import pandas as pd
    … : L_1 = ['aa','bb','cc','dd','ee']
    … : s1 = pd.Series(L_1)
    … : s1
Out[5] :
0    aa
1    bb
2    cc
3    dd
4    ee
dtype: object

In [6] : s1[3]
Out[6] : 'dd'

In [7] : s2 = pd.Series(L_1,index = list("abcde"))
```

```
    ... : s2
Out [7] :
a    aa
b    bb
c    cc
d    dd
e    ee
dtype: object

In [8] : s2["d"]
Out [8] : 'dd'
```

Series 对象的访问方式同列表的访问方式一致，切片操作也一致。示例代码如下：

```
In [9] : s1[:3]
Out [9] :
0    aa
1    bb
2    cc
dtype: object

In [10] : s1[::2]
Out[10] :
0    aa
2    cc
4    ee
dtype: object

In [11] : s1[::-1]
Out[11] :
4    ee
3    dd
2    cc
1    bb
0    aa
dtype: object
```

6.1.3　Series 基本操作

Series 对象支持元素增删改、索引重建和排序等操作。

1. 增加和修改元素

Series 对象可以直接使用标签和索引增加元素，也可以使用 concat 函数合并两个序列。示例代码如下：

```
In [12] : s1                  ♯ 查看序列 s1
Out[12] :
0    aa
1    bb
2    cc
3    dd
4    ee
dtype: object


In [13] : s1[2] = "c2"        ♯ 将序列索引为 2 的元素值修改为 c2


In [14] : s1                  ♯ 再次查看 s1,索引为 2 的元素值变为 c2
Out[14] :
0    aa
1    bb
2    c2
3    dd
4    ee
dtype: object


In [15] : s1[5] = "ff"        ♯ 当索引不存在时,增加该元素


In [16] : s1                  ♯ 再次查看 s1,发现增加了原序列中不存在的元素 ff
Out[16] :
0    aa
1    bb
2    c2
3    dd
```

```
4      ee
5      ff
dtype: object
```

序列元素的修改和增加类似于字典，当索引存在时予以修改，当索引不存在时则增加。

```
In [17]: s2 = pd. Series(L_1, index = list("abcde"))      ♯ 创建 s2 序列
    … : s2
Out[17]:
a      aa
b      bb
c      cc
d      dd
e      ee
dtype: object


In [18]: pd. concat([s1, s2])
Out[18]:
0      aa
1      bb
2      c2
3      dd
4      ee
5      ff
a      aa
b      bb
c      cc
d      dd
e      ee
dtype: object
```

注意，合并后并未改变 s1，而是生成了一个新的序列。

2. 重建索引

上面的合并结果中的索引较乱，既有数字又有字母，现需要对索引进行修改，全部修改为数字索引，方法为直接给 Series 的索引赋值。示例代码如下：

```
In [19] : import pandas as pd
    ⋯ :
    ⋯ : data = {'A':10,'B':20,'C':30}
    ⋯ : s = pd. Series(data)
    ⋯ : s
Out[19] :
A    10
B    20
C    30
dtype: int64

In [20] : s. index
Out[20] : Index(['A','B','C'],dtype = 'object')
```

s. index 输出的是序列 s 的标签，即索引。显示结果表示该标签为 ['A','B','C']。所以直接对索引 s. index 赋值即可修改。示例代码如下：

```
In [21] : s. index = range(len(s))        # 将索引修改为默认数字索引
    ⋯ : s
Out[21] :
0    10
1    20
2    30
dtype: int64
```

故可将 In [18] 的结果修改为：

```
In [22] : s1_s2 = pd. concat([s1,s2])
    ⋯ : s1_s2. index = range(len(s1_s2))
    ⋯ : s1_s2
Out[22] :
0    aa
1    bb
2    c2
3    dd
4    ee
5    ff
6    aa
```

```
7     bb
8     cc
9     dd
10    ee
dtype: object
```

3. 排序

可以使用 sort_index 和 sort_values 函数分别对 Series 序列对象的索引和值进行排序，语法格式如下：

> sort_index(ascending)
> sort_values(ascending)

其中，ascending 参数用于控制排序的方式。当 ascending＝True 时，按升序排序；当 ascending＝False 时，按降序排序。默认为升序。示例代码如下：

```
In [23] : dic = {'A':1,'B':5,'C':3}
    … : s = pd. Series(dic)              ♯ 创建序列
    … : s
Out[23] :
A    1
B    5
C    3
dtype: int64


In [24] : s. sort_index(ascending = False)   ♯ 按索引降序排序
Out[24] :
C    3
B    5
A    1
dtype: int64


In [25] : s. sort_values(ascending = True)   ♯ 按序列值升序排序
Out[25] :
A    1
C    3
B    5
dtype: int64
```

```
In [26] : s                        # 原序列并未改变
Out[26] :
A    1
B    5
C    3
dtype: int64
```

注意，排序并不改变原 Series 序列，而是生成了新的序列，目的是保护数据的安全。

4. 删除元素

使用 del 命令或 drop 函数都可以删除 Series 序列对象中的元素，不同之处在于：使用 del 命令是直接在原 Series 序列上操作，drop 函数则不改变原 Series 序列，而是返回一个新的删除元素后的 Series 序列。示例代码如下：

```
In [27] : s.drop("B")              # 删除标签为 B 的元素
Out[27] :
A    1
C    3
dtype: int64

In [28] : s                        # 原序列不改变
Out[28] :
A    1
B    5
C    3
dtype: int64

In [29] : del s["B"]               # 删除标签为 B 的元素

In [30] : s                        # 原序列改变
Out[30] :
A    1
C    3
dtype: int64
```

5. 查看 Series 的长度

可以使用 len 函数查看序列的长度（即元素的个数）。示例代码如下：

```
In [31] : len(s)
Out[31] : 2
```

由于上面的序列 s 删除了标签为 B 的元素，所以只剩下两个元素，即长度为 2。

6.2 DataFrame

DataFrame 称为数据框，是带索引的二维表格数据结构，可用于存储多行和多列数据集合。它由多个 Series 组成，是 Series 的容器，其数据结构如图 6-1 所示。DataFrame 的每行或者每列都可以看作一个 Series 序列对象。DataFrame 对象既有行索引（index）也有列索引（column），对象的行、列和每个元素都可以通过行索引和列索引获取。对 DataFrame 进行操作时，若是行操作，则需带参数 axis＝0；若是列操作，则需带参数 axis＝1。比如删除 df 中的 B 列，则为"df. drop("B",axis=1)"。

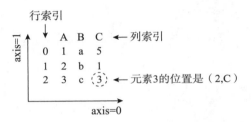

图 6-1　DataFrame 数据结构示意图

6.2.1　创建 DataFrame

创建 DataFrame 对象使用 DataFrame 函数，语法格式如下：

    pd. DataFrame(data,index,columns,dtype)

其中，data 为数据内容，可以是二维数组、Series、列表、字典、DataFrame 等对象；index 为 DataFrame 的行索引，如果没有指定行索引，默认为从 0 开始按 1 自动递增的整数索引；columns 为 DataFrame 的列名，即列索引，如果没有指定列索引，默认为从 0 开始按 1 自动递增的整数索引；dtype 指定 DataFrame 的数据类型，默认为 None，数据类型根据创建 DataFrame 对象的数据内容自动设置。示例代码如下：

```
In [1] : import pandas as pd
    … : dic = {'A':[1,2,3],'B':list("abc"),"C":[5,1,3]}
    … : df = pd. DataFrame(dic)                                # 使用字典创建数据框
    … : df
```

```
Out[1] :
   A  B  C
0  1  a  5
1  2  b  1
2  3  c  3

In [2] : import numpy as np
   ... : arr = np. random. randint(0,10,(3,4))
   ... : df1 = pd. DataFrame(arr,columns = list("ABCD"))    # 使用数组创建数据框
   ... : df1
Out[2] :
   A  B  C  D
0  0  9  4  6
1  7  2  1  4
2  8  7  8  5
```

6.2.2　访问 DataFrame

　　查看 DataFrame 的行数（数据条数）的方法与 Series 一致，使用 len 函数；查看数据框的列名使用 df. columns；查看数据框的行索引使用 df. index；查看数据框的形状（行列数）使用 df. shape。示例代码如下：

```
In [3] : len(df)
Out[3] : 3

In [4] : df. columns                         # 获取列名
Out[4] : Index(['A','B','C'],dtype = 'object')

In [5] : df. index                           # 获取行索引
Out[5] : RangeIndex(start = 0,stop = 3,step = 1)

In [6] : df. index. tolist()                 # 转化为列表
Out[6] : [0,1,2]

In [7] : df. shape
Out[7] : (3,3)
```

iloc 函数和 loc 函数是 pandas 中两种常用的索引方式，可以查看数据框中的某个元素或某块元素，它们的主要区别在于进行索引时所用的对象不同。为了方便描述，这里做一个约定，当行索引（index）为自定义类型时，如 a、b、c 或不是从 0 开始的，如 1，2，3等，我们称之为"标签"。

iloc 函数通过行号和列号进行索引，它使用整数位置来确定位置。这意味着给定的索引可以是整数或整数列表、数组等。

loc 函数通过行标签或列标签进行索引，它使用标签名称来确定位置。这意味着给定的索引必须是行或列的标签。

df. iloc 函数的语法格式如下：

$$df.iloc[m:n,p:q]$$

其中，m、n 为行索引，p、q 为列索引。

df. loc 函数的语法格式如下：

$$df.loc[M:N,P:Q]$$

其中，M、N 为行标签，P、Q 为列标签。

示例代码如下：

```
In  [8] : import numpy as np
    … : import pandas as pd
    … : arr = np. random. randint(0,10,(3,4))
    … : df1 = pd. DataFrame(arr,columns = list("ABCD"))
    … : df1
Out [8] :
   A  B  C  D
0  3  4  9  6
1  2  9  4  4
2  8  5  8  0


In  [9] : df1. iloc[:2,1:3]
Out [9] :
   B  C
0  4  9
1  9  4


In [10] : df1. loc[1:2,"B"]
Out[10] :
1    9
2    5
```

Name: B, dtype: int32

```
In [11] : df1.loc[:2,"A":"C"]          # 提取 A～C 列
Out[11] :
    A  B  C
0   3  4  9
1   2  9  4
2   8  5  8
```

```
In [12] : df1.loc[:2,["A","C"]]        # 按给定的列名(做成了列表)提取
Out[12] :
    A  C
0   3  9
1   2  4
2   8  8
```

```
In [13] : df1.iloc[1]                  # 提取行索引为 1 的行
Out[13] :
A    2
B    9
C    4
D    4
Name: 1, dtype: int32
```

```
In [14] : df1.loc[2]                   # 提取行标签为 2 的行
Out[14] :
A    8
B    5
C    8
D    0
Name: 2, dtype: int32
```

注意，上面代码中的"A":"C" 和 ["A","C"] 提取的结果是有差异的。

提取整行和整列的示例代码如下：

```
In [15] : df2 = pd.DataFrame(arr,columns = list("ABCD"),index = list("abc"))
     … : df2
```

```
Out[15] :
    A  B  C  D
a  3  4  9  6
b  2  9  4  4
c  8  5  8  0


In [16] : df2. loc["c"]        # 按行标签提取 c 行
Out[16] :
A    8
B    5
C    8
D    0
Name: c, dtype: int32


In [17] : df2. iloc[1]         # 按行索引提取 b 行
Out[17] :
A    2
B    9
C    4
D    4
Name: b, dtype: int32


In [18] : df2["B"]             # 按列标签提取 B 列
Out[18] :
a    4
b    9
c    5
Name: B, dtype: int32
```

提取列时，可以直接在数据框后跟列名，如 df["列名"]，也可以写成 df.列名。示例代码如下：

```
In [19] : df2. B
Out[19] :
a    4
b    9
c    5
Name: B, dtype: int32
```

有时为了方便查阅数据框的开头部分和结尾部分，可以使用 head 函数和 tail 函数。示例代码如下：

```
In [20]: df2.head(2)          # 查看 df2 的前 2 行数据
Out[20]:
   A  B  C  D
a  3  4  9  6
b  2  9  4  4


In [21]: df2.tail(2)          # 查看 df2 的末尾 2 行数据
Out[21]:
   A  B  C  D
b  2  9  4  4
c  8  5  8  0
```

head 函数和 tail 函数默认查看 5 行数据。

6.2.3　条件筛选

选取 DataFrame 中的数据除了使用索引和切片，还可以根据条件筛选满足条件的数据，即根据一定的条件对数据进行提取。语法格式如下：

dataframe[condition]

其中，condition 是过滤条件，返回值是 DataFrame。

常用的 condition 类型有：

（1）比较运算：==、<、>、>=、<=、!=，如 df[df.column_A>1000]。

（2）范围运算：between(left,right)，如 df[df.column_A.between(100,1000)]。

（3）空置运算：DataFrame.col_name.isnull()，如 df[df.title.isnull()]。

（4）字符匹配：str.contains(pattern,na=False)，如 df[df.title.str.contains('电台',na=False)]。

（5）逻辑运算：&（与），|（或），～（取反）；如 df[(df.column_A>=100)&(df.column_A<=1000)] 与 df[df.column_A.between(100,1000)] 等价。

示例代码如下：

```
In [22]: import numpy as np
    ...: import pandas as pd
    ...: np.random.seed(20231005)      # 随机数种子,保证每次生成的随
                                         机数相同
```

```
    … : arr = np. random. randint(0,50,(4,3))      # 生成随机数数组
    … : df3 = pd. DataFrame(arr,columns = list("ABC"),index = list("abcd"))
    … : df3
Out[22] :
     A   B   C
a    4   46  41
b    48  13  38
c    38  47  29
d    46  35  38


In [23] : df3. B. between(10,40)              # 选出 B 列中 10～40 之间的数据，
                                                返回逻辑值

Out[23] :
a      False
b      True
c      False
d      True
Name: B, dtype: bool

In [24] : df3[df3. B. between(10,40)]          # 筛选出符合条件的数据行
Out[24] :
     A   B   C
b    48  13  38
d    46  35  38
```

　　"df3. B. between(10,40)"选出了 B 列中 10～40 之间的数据值，返回的是逻辑值，逻辑真假均返回，见 Out [23]，故没有起到筛选出所需数据的作用。逻辑值可以作为索引，所以可以将选出的结果作为索引进行提取，"df3[df3. B. between(10,40)]"的作用就是利用逻辑值筛选出符合条件的数据行，见 Out[24]。

```
In [25] : df3[～df3. B. between(10,40)]       # 筛选出 B 列中 10～40 以外的数据行
Out[25] :
     A   B   C
a    4   46  41
c    38  47  29


In [26] : df3[～(df3. C>40)]                   # 筛选出 C 列中大于 40 的数据行并取反
```

```
Out[26]:
    A    B    C
b   48   13   38
c   38   47   29
d   46   35   38
```

6.2.4　增删改数据

数据的增删改是数据处理的基本操作，DataFrame 的增删改操作方法丰富，灵活多样。

1. 增加行列数据

增加列很简单，直接在数据框对象后增加列名并赋值列数据即可。语法格式如下：

　　　df["列名"]＝column_data

示例代码如下：

```
In [27]: df3["D"] = range(len(df3["B"]))

In [28]: df3
Out[28]:
    A    B    C    D
a   4    46   41   0
b   48   13   38   1
c   38   47   29   2
d   46   35   38   3
```

len(df3["B"]) 表示提取 df3 中 B 列的行数，range(len(df3["B"])) 表示生成与 B 列的行数相同数量的数据，并将新生成的数据作为新的 D 列数据，即 df3["D"]＝ range(len(df3["B"]))。注意，若列名 D 存在，则 D 列原数据将被覆盖；若列名 D 不存在，则表示新增一列，并且新增列为最后一列。

可以使用 insert 函数增加列，语法格式如下：

　　　df. insert(loc,column,value,allow_duplicates＝False)

其中，loc 为整型，表示新增的列位于数据框中的位置；column 为新增列的索引名；value 为新增列的值，可以是数字、数组、Series 等；allow_duplicates 为是否允许列名重复，默认为 allow_duplicates＝True，表示允许新的列名与已存在的列名重复。

示例代码如下：

```
In [29] : df3. insert(1,"D2",[0,1,2,3])
    ... : df3
Out[29] :
    A  D2  B   C   D
a   4   0  46  41  0
b  48   1  13  38  1
c  38   2  47  29  2
d  46   3  35  38  3
```

可以使用 concat 函数合并两个数据框。concat 函数用于将多个数据结构（例如 Series、DataFrame）水平或竖直堆叠在一起，语法格式如下：

pandas. concat(objs,axis＝0,join＝'inner',ignore_index＝False)

参数说明如下：

● objs：要连接的对象序列，可以是 Series、DataFrame。

● axis：连接轴，默认为 0，表示竖直叠加，1 则表示水平连接。

● join：连接方式，默认为 'inner'，也可以是 'outer'。join＝'inner' 表示保留两个表都出现过的列；join＝'outer' 表示保留所有的列，并将不存在的值设为缺失。

● ignore_index：是否重建索引，默认为 False，当设置为 True 时，返回的 DataFrame 的索引将重新排序。

示例代码如下：

```
In [30] : d = {'A':11,'D2':12,'B':13,'C':14,'D':15}
    ... : d0 = pd. DataFrame(d, index = [0])
    ... : pd. concat([df3,d0],ignore_index = True)      ＃ 生成一个新的数据框
Out[30] :
    A  D2  B   C   D
0   4   0  46  41  0
1  48   1  13  38  1
2  38   2  47  29  2
3  46   3  35  38  3
4  11  12  13  14  15
```

注意，用字典生成数据框时，当字典的键值不是列表或者元组，而是数值型或者字符型时，需要给出 index。

增加一行也可以使用 "loc[]" 的方式，例如增加标签为 4、数据为列表 [1,2,3,4,5] 的行。示例代码如下：

```
In [31] : w = [1,2,3,4,5]
     … : df3.loc[4] = w              ♯ 在原数据框上增加行


In [32] : df3
Out[32] :
     A   D2   B    C   D
a    4   0    46   41  0
b    48  1    13   38  1
c    38  2    47   29  2
d    46  3    35   38  3
4    1   2    3    4   5
```

2. 删除数据

使用 drop 函数可以删除 DataFrame 中的数据，语法格式如下：

df. drop(标签,axis,inplace)

其中，标签表示待删除的行索引名或列名；axis＝0 表示删除行，axis＝1 表示删除列，默认为 0；inplace 为布尔值，表示操作是否对原数据生效，默认为 False，表示不修改原数据，返回的是一个原数据的复制，若设置 inplace＝True，则表示直接修改原数据。示例代码如下：

```
In [33] : df3. drop(4,inplace = True)        ♯ 在数据框上直接删除行标签为 4 的行

In [34] : df3
Out[34] :
     A   D2   B    C   D
a    4   0    46   41  0
b    48  1    13   38  1
c    38  2    47   29  2
d    46  3    35   38  3


In [35] : df3. drop("D2",axis = 1)           ♯ 删除 D2 列并生成新的数据框
Out[35] :
     A   B    C   D
a    4   46   41  0
b    48  13   38  1
c    38  47   29  2
d    46  35   38  3
```

```
In [36] : df3.drop(["D2","D"],axis = 1,inplace = True)      # 在原数据框上删除 D2
                                                             和 D 列


In [37] : df3
Out[37] :
     A    B    C
a    4   46   41
b   48   13   38
c   38   47   29
d   46   35   38
```

3. 修改数据

对于 DataFrame 中的数据，可以根据需求修改某个值或某一列、替换单个或多个值等。修改数据可以理解为赋值覆盖，所以可以使用 iloc 或者 loc 函数对已有的值直接赋值覆盖，以达到修改的目的。

替换单个或多个值也可以使用 replace 函数，语法格式如下：

df. replace(old_value,new_value,inplace)

其中，old_value 为需要替换的值，同时替换多个值时，使用字典数据即可；new_value 为替换后的值；inplace 为布尔值，表示操作是否对原数据生效，默认为 False，表示不修改原数据，返回的是一个原数据的复制，若设置 inplace＝True，则表示直接修改原数据。示例代码如下：

```
In [38] : df3. loc["c","B"] = 0             # 将 df3 中 c 行 B 列交叉位置上的数据
                                             修改为 0


In [39] : df3                               # 原数据框被修改
Out[39] :
     A    B    C
a    4   46   41
b   48   13   38
c   38    0   29
d   46   35   38


In [40] : df3["A"] = [0,1,2,3]              # 修改 df3 的 A 列
     … : df3
Out[40] :
```

```
   A   B   C
a  0  46  41
b  1  13  38
c  2   0  29
d  3  35  38
```

```
In [41] : df3. loc["d"] = [2,3,0]        # 修改 df3 的 d 行
      … : df3
Out[41] :
   A   B   C
a  0  46  41
b  1  13  38
c  2   0  29
d  2   3   0
```

```
In [42] : df3. replace(0,99, inplace = True)    # 将 df3 中的所有 0 替换为 99

In [43] : df3
Out[43] :
    A   B   C
a  99  46  41
b   1  13  38
c   2  99  29
d   2   3  99
```

```
In [44] : df3. replace({1:88,2:77})        # 将 df3 中的所有 1 替换成 88,所有 2
                                             替换成 77
Out[44] :
    A   B   C
a  99  46  41
b  88  13  38
c  77  99  29
d  77   3  99
```

6.2.5　排序

数据框的排序分为两类，一是对索引的排序，二是对某行某列的值的排序。语法格式

如下：
- 索引排序：

  sort_index(axis,ascending,inplace)

- 行列的值排序：

  sort_values(by,axis,ascending,inplace)

其中，axis 控制排序的轴的方向，axis=0 表示按行排序，axis=1 表示按列排序，默认为 0；ascending 默认为 True，即升序排序，等于 False 时按降序排序；by 表示按指定关键字排序，关键字为由行标签或列标签组成的列表。示例代码如下：

```
In [45]: df3
Out[45]:
    A   B   C
a  99  46  41
b   1  13  38
c   2  99  29
d   2   3  99

In [46]: df3.sort_index(axis = 0,ascending = False)    # 按行索引降序排序
Out[46]:
    A   B   C
d   2   3  99
c   2  99  29
b   1  13  38
a  99  46  41

In [47]: df3.sort_values(by = "B")    # 按照 B 列升序排序
Out[47]:
    A   B   C
d   2   3  99
b   1  13  38
a  99  46  41
c   2  99  29
```

6.2.6 重建索引

将行索引设置为默认的从 0 开始的整数索引，或者替换成以数据框中的某列或其他列

表、序列为索引，常用 reset_index 函数和 set_index 函数等。

reset_index 函数用于将数据框中的行索引替换为默认的从 0 开始的整数索引，语法格式如下：

$$\text{reset\_index}(drop, inplace)$$

参数说明如下：

● drop：表示是否删除原索引，默认为 False，即保留原索引为一列。

● inplace：表示是否在原数据框上操作，默认为 False，即生成一个新的数据框。

示例代码如下：

```
In [48]: df3. reset_index()          # 直接更换成默认的索引,原索引保存为一列
Out[48]:
   index   A    B    C
0      a   99   46   41
1      b    1   13   38
2      c    2   99   29
3      d    2    3   99


In [49]: df3. reset_index(drop = True, inplace = False)    # 启用 drop 参数并设置
                                                              为 True
Out[49]:
    A    B    C
0   99   46   41
1    1   13   38
2    2   99   29
3    2    3   99
```

set_index 函数用于将数据框中的某列替换为行索引，语法格式如下：

$$\text{set\_index}(keys, drop=True, append=False, inplace=False)$$

参数说明如下：

● keys：列标签或列标签的列表，将被用作新索引。

● drop：布尔值，默认为 True。如果为 True，则设置新索引后，原索引列将从 DataFrame 中删除；如果为 False，则原索引列将保留为 DataFrame 的一个普通列。

● append：布尔值，默认为 False。如果为 True，则将新的列添加到现有索引中，形成多重索引。

● inplace：布尔值，默认为 False。如果为 True，则修改原 DataFrame，否则返回一个新的 DataFrame。

示例代码如下：

```
In [50]: df3.set_index("B")      ♯ 将原数据框中的 B 列设置为新的索引
Out[50]:
     A   C
 B
46  99  41
13   1  38
99   2  29
 3   2  99
```

此外，也可以直接对 df3.index 赋值。示例代码如下：

```
In [51]: df3.index = [1,2,3,4]

In [52]: df3
Out[52]:
    A   B   C
1  99  46  41
2   1  13  38
3   2  99  29
4   2   3  99
```

6.3 pandas 读取与存储

对于一些二维数据表格，如 csv、Excel、txt 等格式的数据，如何读取到 pandas 中作为 DataFrame 格式使用呢？反过来，已经处理好的 DataFrame 格式的数据又怎么保存呢？

6.3.1 读取数据

1. 读取 csv 与 txt 文件

csv（comma-separated values，逗号分隔值）文件是一种纯文本格式的文件，用来存储表格数据（数字和文本）。在 csv 文件中，记录是由字段组成的，字段之间用某种字符或字符串分隔，最常见的是逗号或制表符（\t）；记录之间则用某种换行符分隔。csv 文件可以由任意数目的记录组成，所有记录都有完全相同的字段序列。

在 pandas 中，可以使用 read_csv 函数将 csv 或 txt 文件中的数据读取到 DataFrame

中，语法格式如下：

$$pd.\ read\_csv(filename, sep, header, index\_col, nrows, skiprows, encoding)$$

参数说明如下：

- filename：表示要读取的文件名（或含有路径的文件名），类型可以是 txt、csv。
- sep：指定数据的分隔符，默认为逗号","。
- header：指定将哪一行作为列索引，默认为 infer，表示自动识别；当 header=0 时，表示将文件的第一行作为 DataFrame 数据的列索引。
- index_col：指定将哪一列作为行索引，index_col=0 表示将第一列作为行索引。
- nrows：设置需要读取数据的行数。
- skiprows：设置需要跳过的行数。
- encoding：设置文本编码格式，默认值为"utf-8"，中文系统中 ANSI 类型的编码应设置为"gbk"。

例如，读取如图 6-2 所示的数据表。csv 格式的文件可以用记事本或者 Excel 打开并显示内容。

示例代码如下：

```
In [1] : import pandas as pd
    ... : path_csv = r"d:\OneDrive\出版\2023 人大出版社\i_nuc.csv"
    ... : df = pd. read_csv(path_csv)
    ... : df. head()
Out[1] :
  Unnamed: 0        学号        班级    姓名  性别  英语  体育  军训  数分  高代  解几
0          0  2308024241  23080242  成龙   男   76   78   77   40   23   60
1          1  2308024244  23080242  周怡   女   66   91   75   47   47   44
2          2  2308024251  23080242  张波   男   85   81   75   45   45   60
3          3  2308024249  23080242  朱浩   男   65   50   80   72   62   71
4          4  2308024219  23080242  封印   女   73   88   92   61   47   46


In [2] : df = pd. read_csv(path_csv, index_col = 0)
    ... : df. tail()
Out[2] :
           学号        班级      姓名  性别  英语  体育  军训  数分  高代  解几
15  2308024421  23080244  林建祥   男   72   72   81   63   90   75
16  2308024433  23080244  李大强   男   79   76   77   78   70   70
17  2308024428  23080244  李侧通   男   64   96   91   69   60   77
18  2308024402  23080244   王慧   女   73   74   93   70   71   75
19  2308024422  23080244  李晓亮   男   85   60   85   72   72   83
```

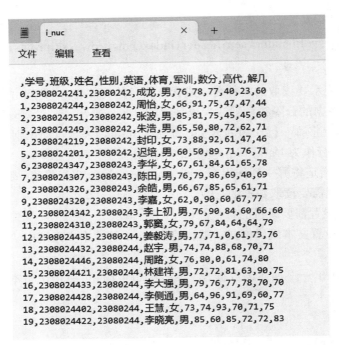

图 6－2　csv 文件内容

从上面的两种读取方式来看，默认的读取方式会将行索引做成一列，而参数 index_col＝0 声明将第一列作为行索引后，就是正常显示的数据表。

读取如图 6－3 所示的 txt 文本表格内容。

	学号	班级	姓名	性别	英语	体育	军训	数分	高代	解几	
0	2308024241	23080242	成龙	男	76	78	77	40	23	60
1	2308024244	23080242	周怡	女	66	91	75	47	47	44
2	2308024251	23080242	张波	男	85	81	75	45	45	60
3	2308024249	23080242	朱浩	男	65	50	80	72	62	71
4	2308024219	23080242	封印	女	73	88	92	61	47	46
5	2308024201	23080242	迟培	男	60	50	89	71	76	71
6	2308024347	23080243	李华	女	67	61	84	61	65	78
7	2308024307	23080243	陈田	男	76	79	86	69	40	69
8	2308024326	23080243	余皓	男	66	67	85	65	61	71
9	2308024320	23080243	李嘉	女	62	0	90	60	67	77
10	2308024342	23080243	李上初	男	76	90	84	60	66	60
11	2308024310	23080243	郭窦	女	79	67	84	64	64	79
12	2308024435	23080244	姜毅涛	男	77	71	0	61	73	76
13	2308024432	23080244	赵宇	男	74	74	88	68	70	71
14	2308024446	23080244	周路	女	76	80	0	61	74	80
15	2308024421	23080244	林建祥	男	72	72	81	63	90	75
16	2308024433	23080244	李大强	男	79	76	77	78	70	70
17	2308024428	23080244	李侧通	男	64	96	91	69	60	77
18	2308024402	23080244	王慧	女	73	74	93	70	71	75
19	2308024422	23080244	李晓亮	男	85	60	85	72	72	83

图 6－3　txt 文本表格内容

示例代码如下：

```
In [3] : path_txt = r"d:\OneDrive\出版\2023 人大出版社\i_nuc.txt"
   … : df = pd.read_csv(path_txt,sep = "\t",index_col = 0,encoding = "gbk")
   … : df.head()
Out[3] :
```

	学号	班级	姓名	性别	英语	体育	军训	数分	高代	解几
0	2308024241	23080242	成龙	男	76	78	77	40	23	60
1	2308024244	23080242	周怡	女	66	91	75	47	47	44
2	2308024251	23080242	张波	男	85	81	75	45	45	60
3	2308024249	23080242	朱浩	男	65	50	80	72	62	71
4	2308024219	23080242	封印	女	73	88	92	61	47	46

此外，还可以使用 pd.read_table 函数打开 txt 文本文件。示例代码如下：

```
In [4] : pd.read_table(path_txt,index_col = 0,encoding = "gbk")
Out[4] :
```

	学号	班级	姓名	性别	英语	体育	军训	数分	高代	解几
0	2308024241	23080242	成龙	男	76	78	77	40	23	60
1	2308024244	23080242	周怡	女	66	91	75	47	47	44
2	2308024251	23080242	张波	男	85	81	75	45	45	60
3	2308024249	23080242	朱浩	男	65	50	80	72	62	71
4	2308024219	23080242	封印	女	73	88	92	61	47	46
5	2308024201	23080242	迟培	男	60	50	89	71	76	71
6	2308024347	23080243	李华	女	67	61	84	61	65	78
7	2308024307	23080243	陈田	男	76	79	86	69	40	69
8	2308024326	23080243	余皓	男	66	67	85	65	61	71
9	2308024320	23080243	李嘉	女	62	0	90	60	67	77
10	2308024342	23080243	李上初	男	76	90	84	60	66	60
11	2308024310	23080243	郭窦	女	79	67	84	64	64	79
12	2308024435	23080244	姜毅涛	男	77	71	0	61	73	76
13	2308024432	23080244	赵宇	男	74	74	88	68	70	71
14	2308024446	23080244	周路	女	76	80	0	61	74	80
15	2308024421	23080244	林建祥	男	72	72	81	63	90	75
16	2308024433	23080244	李大强	男	79	76	77	78	70	70
17	2308024428	23080244	李侧通	男	64	96	91	69	60	77
18	2308024402	23080244	王慧	女	73	74	93	70	71	75
19	2308024422	23080244	李晓亮	男	85	60	85	72	72	83

2. 读取 Excel 文件

Excel 是常见的存储和处理数据的软件，可以使用 read_excel 函数从 Excel 文件中读取数据，语法格式如下：

$$pd.\ read\_excel(filename, sheet\_name, header, skiprows, index\_col)$$

参数说明如下：
- filename：表示要导入的 Excel 文件的路径和文件名，支持 xlsx 格式。
- sheet_name：指定 Excel 文件工作表的名称，默认工作表名为 Sheet1。
- header、skiprows、index_col 这三个参数的使用方式与 read_csv 函数相同。

例如，读取如图 6-4 所示的 Excel 文件中的 Sheet4 表格内的数据内容。

示例代码如下：

```
In [5] : path_xlsx = r"d:\OneDrive\出版\2023 人大出版社\i_nuc.xlsx"
    ... : df = pd.read_excel(path_xlsx, sheet_name = "Sheet4")
    ... : df.head()
Out[5] :
          学号              电话                IP
0   2308024241    1.892225e+10      221.205.98.55
1   2308024244    1.352226e+10     183.184.226.205
2   2308024251    1.342226e+10      221.205.98.55
3   2308024249    1.882226e+10      222.31.51.200
4   2308024219    1.892225e+10       120.207.64.3
```

图 6-4　Excel 文件表格内容

注意，当前的 Python 版本支持 xlsx 格式，对于早期的 Excel 的 xls 格式，需安装 xlrd 模块。

6.3.2 保存数据

1. 保存为 Excel 文件

to_excel 函数可将 DataFrame 对象的数据写入 Excel 文件中，语法格式如下：

> df. to_excel(filename,sheet_name,columns,index)

参数说明如下：
- filename：表示要导出为 Excel 文件的文件名（可含路径），支持 xlsx 格式。
- sheet_name：指定 Excel 文件工作表的名称，默认工作表名为 Sheet1。
- columns：指定写入文件的列，为列表类型，默认为 None，表示写入所有列。
- index：表示是否将行索引写入文件，默认为 True，表示写入。

例如，上一小节读取"Sheet4"后的 df 可以保存为 Excel，文件名为 1. xlsx。示例代码如下：

```
In [6] : df. to_excel("c:/Users/yubg/Desktop/1. xlsx")      # 保存到桌面
```

注意，必须写全文件扩展名。

2. 保存为 csv 或 txt 文件

使用 to_csv 函数可将 DataFrame 对象的数据导入 txt 和 csv 格式的文件中，语法格式如下：

> df. to_csv(filename,sep,header,columns,index,encoding)

参数说明如下：
- filename：表示要导出为 csv 或 txt 的文件名（可含路径）。
- sep：指定数据的分隔符，默认为逗号","。
- header：表示是否写入列名，默认为 True，表示写入。
- columns：指定写入文件的列，为列表类型，默认为 None，表示写入所有列。
- index：表示是否将行索引写入文件，默认为 True，表示写入。
- encoding：设置写入文件的编码格式。

例如，上一小节读取"Sheet4"后的 df 可以保存为 csv 或 txt 文件。示例代码如下：

```
In [7] : df. to_csv("c:/Users/yubg/Desktop/2. csv")
In [8] : df. to_csv("c:/Users/yubg/Desktop/3. txt")
```

用 Excel 和记事本分别打开 2. csv 文件，如图 6－5 所示，发现 Excel 打开的表格中的中文是乱码，所以保存时需要用 encoding 参数声明保存的编码格式。

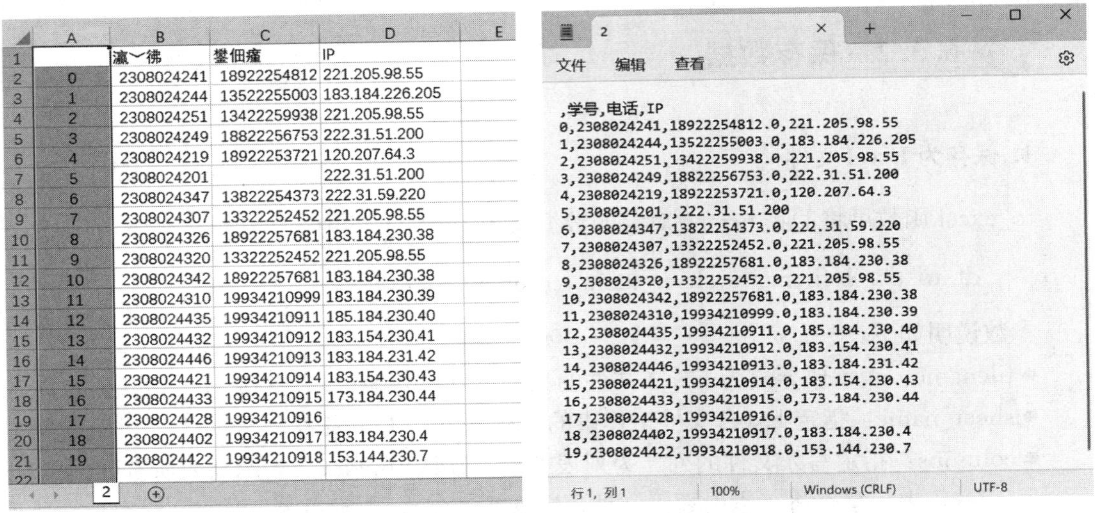

图 6－5　用 Excel 和记事本分别打开 csv 文件

增加保存的 gbk 编码格式后，再打开 2. csv 文件，其显示正常，如图 6－6 所示。示例代码如下：

```
In [9] : df.to_csv("c:/Users/yubg/Desktop/2.csv",encoding = "gbk")
```

	A	B	C
1	学号	电话	IP
2	2308024241	18922254812	221. 205. 98. 55
3	2308024244	13522255003	183. 184. 226. 205
4	2308024251	13422259938	221. 205. 98. 55
5	2308024249	18822256753	222. 31. 51. 200
6	2308024219	18922253721	120. 207. 64. 3
7	2308024201		222. 31. 51. 200
8	2308024347	13822254373	222. 31. 59. 220
9	2308024307	13322252452	221. 205. 98. 55
10	2308024326	18922257681	183. 184. 230. 38
11	2308024320	13322252452	221. 205. 98. 55
12	2308024342	18922257681	183. 184. 230. 38
13	2308024310	19934210999	183. 184. 230. 39
14	2308024435	19934210911	185. 184. 230. 40
15	2308024432	19934210912	183. 154. 230. 41
16	2308024446	19934210913	183. 184. 231. 42
17	2308024421	19934210914	183. 154. 230. 43
18	2308024433	19934210915	173. 184. 230. 44
19	2308024428	19934210916	
20	2308024402	19934210917	183. 184. 230. 4
21	2308024422	19934210918	153. 144. 230. 7

图 6－6　Excel 打开 gbk 编码格式的 csv 文件

(6.4) pandas 的其他操作

对数据进行清洗时，常用的几个数据框操作函数如下：

- astype 函数：将指定列的数据类型转换为另一种数据类型。
- apply 函数：将指定的函数应用于指定列的每个元素。
- unique 函数：返回指定列中的唯一值。
- nunique 函数：返回指定列中不同值的数量。
- value_counts 函数：返回指定列中每个唯一值的数量。
- isnull 函数：返回指示缺失值的布尔值。
- rename 函数：重命名指定列的名称。
- shift 函数：将数据按指定方向移动或偏移。
- concat 函数：将多个数据框沿着行或列方向合并。

例如，现有数据框中"班级"列数据是数值型，需要将其班级号（班级列数据的后两位）提取出来，这就需要将该数值型转化为字符型，再从字符串中利用切片提取。示例代码如下：

```
In [1] : import pandas as pd
   ... :
   ... : path_xlsx = r"d:\OneDrive\出版\2023 人大出版社\i_nuc.xlsx"
   ... : df = pd.read_excel(path_xlsx, sheet_name = "Sheet3")
   ... : df.head()
Out[1] :
        学号          班级    姓名   性别   英语   体育   军训   数分    高代    解几
0  2308024241   23080242   成龙    男    76   7.8   77  40.0  23.0   60
1  2308024244   23080242   周怡    女    66   9.1   75  47.0  47.0   44
2  2308024251   23080242   张波    男    85   8.1   75  45.0  45.0   60
3  2308024249   23080242   朱浩    男    65    5    80  72.0  62.0   71
4  2308024219   23080242   封印    女    73   8.8   92  61.0  47.0   46

In [2] : df.班级.dtype        # 查看班级列的数据类型
Out[2] : dtype('int64')

In [3] : bj = df.班级.astype("str").map(lambda x:x[-2:])
```

```
In [4] : bj
Out[4] :
0     42
1     42
2     42
3     42
4     42
5     42
6     43
7     43
8     43
9     43
10    42
11    43
12    43
13    44
14    44
15    44
16    44
17    44
18    44
19    44
20    44
Name: 班级,dtype: object
```

"df.班级.astype("str")" 的作用是将班级列提取出来，将其中的每个元素都转化为字符型，再使用 map 函数对该列的每个元素提取后两位，这里用到了匿名函数 lambda。

其实这里也可以使用 apply 函数。apply 函数的作用是将一个函数应用于 DataFrame 或 Series 的每个元素或每行/列。示例代码如下：

```
In [5] : df.班级.apply(lambda x:str(x)[-2:])
Out[5] :
0     42
1     42
2     42
3     42
4     42
```

5	42
6	43
7	43
8	43
9	43
10	42
11	43
12	43
13	44
14	44
15	44
16	44
17	44
18	44
19	44
20	44

Name: 班级, dtype: object

　　假设已经将班级号提取出来做成了一个序列 bj，现在需要知道这个序列中有几个班级，是哪几个班级，分别出现了几次。示例代码如下：

```
In [6] : bj. unique()          # 找出不同班级
Out[6] : array(['42','43','44'],dtype = object)


In [7] : bj. nunique()          # 给出不同班级数
Out[7] : 3


In [8] : bj. value_counts()     # 找出不同班级号出现的次数
Out[8] :
44     8
42     7
43     6
Name: 班级,dtype: int64
```

　　注意 unique 函数和 nunique 函数的区别。

　　统计成绩时，除了知道有"缺考""作弊"外，还需将其中数据为空的找出来。示例代码如下：

```
In [9] : df.isnull().tail(6)
Out[9] :
```

	学号	班级	姓名	性别	英语	体育	军训	数分	高代	解几
15	False	False	False	False	False	False	False	True	False	False
16	False	False	False	False	False	False	False	False	False	False
17	False	False	False	False	False	False	False	False	True	False
18	False	False	False	False	False	False	False	False	False	False
19	False	False	False	False	False	False	False	False	False	False
20	False	False	False	False	False	False	False	False	False	False

从上面密密麻麻的 False 中很难发现 True，最好是能直接给出含有空值的行。这就需要使用 any 函数。

在 pandas 库中，any 函数是 Series 的方法之一，用于验证给定 Series 对象中是否存在任何非零值。此外，any 函数也可以应用于 DataFrame 对象，当应用于 DataFrame 时，它将返回一个布尔值，指示 DataFrame 中是否存在任何非零值。示例代码如下：

```
In [10] : df[df.isnull().any(axis = 1)]
Out[10] :
```

	学号	班级	姓名	性别	英语	体育	军训	数分	高代	解几
15	2308024446	23080244	周路	女	76	8	77	NaN	74.0	80
17	2308024433	23080244	李大强	男	79	7.6	77	78.0	NaN	70

any 函数返回的是每行/列是否含有全零的值，当某行/列全部为 0 时，则返回 False。示例代码如下：

```
In [11] : data = pd.DataFrame(data = {"A":[1,2,3],"B":[0,0,0],"C":[0,2,0]})
     … : data
Out[11] :
   A B C
0  1 0 0
1  2 0 2
2  3 0 0

In [12] : data.any()      ♯ B列全部为 0
Out[12] :
A    True
B    False
C    True
dtype: bool
```

　　所以，对于上面 df 中的空值行，需要知道哪些行有空值，再以这些行的行号或者逻辑值作为索引，提取出含有空值的数据行。"df.isnull().any(axis=1)"就是判断哪些行有空值，返回的是一个逻辑值，所以"df[df.isnull().any(axis=1)]"就可以提取出含有空值的行。

　　下面使用 rename 函数将数据中的列名"班级"修改为"班级名"。示例代码如下：

```
In [13]: df.rename(columns = {"班级":"班级名"}).head()
Out[13]:
```

	学号	班级名	姓名	性别	英语	体育	军训	数分	高代	解几
0	2308024241	23080242	成龙	男	76	7.8	77	40.0	23.0	60
1	2308024244	23080242	周怡	女	66	9.1	75	47.0	47.0	44
2	2308024251	23080242	张波	男	85	8.1	75	45.0	45.0	60
3	2308024249	23080242	朱浩	男	65	5	80	72.0	62.0	71
4	2308024219	23080242	封印	女	73	8.8	92	61.0	47.0	46

✎ 练　习

　　1. 读取 Excel 文件 i_nuc.xlsx 中的 Sheet3，并对数据进行描述性统计分析。

　　2. 成绩表中有多个 Sheet，要求把 Sheet3 中的数字改成对应的成绩档次：优、良、中、差四档。其中，100 分为"优"，80～99 分为"良"，60～79 分为"中"，60 分以下为"差"。如果成绩中有汉字，则需要保留汉字，例如："缺考""作弊"等。

第 7 章　数据处理与分析

在数据分析过程中，据不完全统计，80％的工作都是在做数据清洗，即把数据处理成所需的数据形式和格式。所以数据处理对于数据分析来说是至关重要的。只有当数据被正确地清洗和处理之后，才能确保分析结果的准确性和可靠性。如果数据中存在错误、重复、缺失或不一致的情况，那么分析结果就可能会出现偏差，甚至误导决策。

数据处理包括多个步骤，例如数据收集、数据清洗、数据转换和数据规范化等。其中，数据清洗是最耗费时间和精力的一步，因为它涉及查找和修复数据中的错误和不一致，处理缺失值和重复数据，以及检查数据的格式和类型等。

在数据清洗过程中，需要使用各种技术和工具，例如数据筛选、排序、查找和替换、正则表达式等，以确保数据的质量和可靠性。此外，还需要了解数据的来源和特点，以便更好地理解和处理数据。

7.1　数据预处理

数据预处理包括对收集到的原始数据进行格式化、规范化、去重、去除噪声和异常值等操作。这个步骤需要使用多种技术和算法，完成数据去重、修剪、替换、填充、归一化、缺失值处理等操作，以确保数据的质量和正确性。

7.1.1　异常值处理

异常值处理包括对重复值和缺失值以及离群点的处理，尤其对缺失值的处理要谨慎。当数据量较大并且删除缺失值不影响结论时，可以删除；当数据量较小，删除缺失值可能会影响数据分析的结果时，最好对缺失值进行填充。

处理异常值时，一定要考虑数据的整体分布和业务背景，避免盲目处理导致数据失真或者误导分析结果。以下是一些常见的异常值处理方法。

1. 重复值处理

重复值的处理是把数据结构中重复的行数据移除，仅保留重复值中的一行。

Python 中的 pandas 模块对重复数据去重的步骤如下：

（1）利用 DataFrame 中的 duplicated 函数返回一个布尔类型的 Series，显示是否有重复行，若没有重复行，则显示为 False；若有重复行，则从重复的第二行起，重复的行均显示为 True。

（2）再利用 DataFrame 中的 drop_duplicates 函数返回一个移除了重复行的 DataFrame。

（3）使用"df[df. a. duplicated()]"显示重复值。

如果仅删除重复值，第（1）步用 duplicated 函数返回布尔值可以省略。显示重复值的 duplicated 函数的语法格式如下：

$$duplicated(subset=None, keep='first')$$

参数说明如下：

● subset：用于识别重复的列标签或列标签序列，默认所有列标签。

● keep='first'：除了第一次出现外，其余相同的被标记为重复；keep='last'：除了最后一次出现外，其余相同的被标记为重复；keep=False：所有相同的都被标记为重复。

drop_duplicates 函数会把数据结构中行相同的数据删除（仅保留重复行中的一行）。

如果 duplicated 函数和 drop_duplicates 函数中没有设置参数，则这两个函数默认判断全部列；如果在这两个方法中加入了指定的属性名（列名），如 frame. drop_duplicates(['state'])，则指定部分属性（state 列）进行重复项的判断。示例代码如下：

```
In [1] : from pandas import DataFrame
         from pandas import Series
         df = DataFrame({'age':Series([26,85,64,85,85]),
                          'name':Series(['Yubg','John','Jerry','Cd','John'])})
         … : df
Out[1] :
    age    name
0   26     Yubg
1   85     John
2   64     Jerry
3   85     Cd
4   85     John

In [2] : df. duplicated()        # 返回逻辑值,重复的行(第二次出现)显示为 True
Out[2] :
0 False
1 False
2 False
```

```
3  False
4  True
dtype: bool

In [3]: df[df.duplicated()]              # 显示重复行
Out[3]:
   age  name
4  85   John

In [4]: df.duplicated('name')
Out[4]:
0  False
1  False
2  False
3  False
4  True
dtype: bool

In [5]: df[~df.duplicated('name')]       # 先取反再取布尔值为真,即删除 name 的重复行
Out[5]:
   age   name
0  26    Yubg
1  85    John
2  64    Jerry
3  85    Cd

In [6]: df.drop_duplicates('age')        # 剔除 age 列中的重复行
Out[6]:
   age    name
0  26     Yubg
1  85     John
2  64     Jerry
```

上面的 df 中索引为 4 的行与索引为 1 的行重复，去除重复行后，索引为 4 的行被删除。

"～"表示取反，本例中所有 True 转化为 False，而 False 转化为 True，再从布尔值中提取数据，即把为真的值提取出来，相当于将 False（取反前为 True 的重复行）值删除。

2. 缺失值处理

从统计上说，缺失的数据可能会产生有偏估计，从而使样本数据不能很好地代表总体，而现实中绝大部分数据都存在缺失值，因此如何处理缺失值很重要。

一般来说，缺失值的处理包括两个步骤，即缺失数据的识别和缺失值的处理。

（1）缺失数据的识别。pandas 使用浮点值 NaN 表示浮点和非浮点数组里的缺失数据，并使用 .isnull 和 .notnull 函数来判断缺失情况。示例代码如下：

```
In [7]: from pandas import DataFrame
   ... : from pandas import read_excel
   ... : df = read_excel(r'd:\OneDrive\出版\2023 人大出版社\i_nuc.xlsx', sheet_
           name = 'Sheet3')
   ... : df
Out[7]:
```

	学号	班级	姓名	性别	英语	体育	军训	数分	高代	解几
0	2308024241	23080242	成龙	男	76	7.8	77	40.0	23.0	60
1	2308024244	23080242	周怡	女	66	9.1	75	47.0	47.0	44
2	2308024251	23080242	张波	男	85	8.1	75	45.0	45.0	60
3	2308024249	23080242	朱浩	男	65	5	80	72.0	62.0	71
4	2308024219	23080242	封印	女	73	8.8	92	61.0	47.0	46
5	2308024201	23080242	迟培	男	60	5	89	71.0	76.0	71
6	2308024347	23080243	李华	女	67	6.1	84	61.0	65.0	78
7	2308024307	23080243	陈田	男	76	7.9	86	69.0	40.0	69
8	2308024326	23080243	余皓	男	66	6.7	85	65.0	61.0	71
9	2308024320	23080243	李嘉	女	62	作弊	90	60.0	67.0	77
10	2308024201	23080242	迟培	男	60	5	89	71.0	76.0	71
11	2308024342	23080243	李上初	男	76	9	84	60.0	66.0	60
12	2308024310	23080243	郭窦	女	79	6.7	84	64.0	64.0	79
13	2308024435	23080244	姜毅涛	男	77	7.1	缺考	61.0	73.0	76
14	2308024432	23080244	赵宇	男	74	7.4	88	68.0	70.0	71
15	2308024446	23080244	周路	女	76	8	77	NaN	74.0	80
16	2308024421	23080244	林建祥	男	72	7.2	81	63.0	90.0	75
17	2308024433	23080244	李大强	男	79	7.6	77	78.0	NaN	70
18	2308024428	23080244	李侧通	男	64	9.6	91	69.0	60.0	77
19	2308024402	23080244	王慧	女	73	7.4	93	70.0	71.0	75
20	2308024422	23080244	李晓亮	男	85	6	85	72.0	72.0	83

```
In [8] : df.isnull().tail()
Out[8] :
```

	学号	班级	姓名	性别	英语	体育	军训	数分	高代	解几
16	False	False	False	False	False	False	False	False	False	False
17	False	False	False	False	False	False	False	False	True	False
18	False	False	False	False	False	False	False	False	False	False
19	False	False	False	False	False	False	False	False	False	False
20	False	False	False	False	False	False	False	False	False	False

```
In [9] : df.notnull()
Out[9] :
```

	学号	班级	姓名	性别	英语	体育	军训	数分	高代	解几
0	True	True	True	True	True	True	True	True	True	True
1	True	True	True	True	True	True	True	True	True	True
2	True	True	True	True	True	True	True	True	True	True
3	True	True	True	True	True	True	True	True	True	True
4	True	True	True	True	True	True	True	True	True	True
5	True	True	True	True	True	True	True	True	True	True
6	True	True	True	True	True	True	True	True	True	True
7	True	True	True	True	True	True	True	True	True	True
8	True	True	True	True	True	True	True	True	True	True
9	True	True	True	True	True	True	True	True	True	True
10	True	True	True	True	True	True	True	True	True	True
11	True	True	True	True	True	True	True	True	True	True
12	True	True	True	True	True	True	True	True	True	True
13	True	True	True	True	True	True	True	True	True	True
14	True	True	True	True	True	True	True	True	True	True
15	True	True	True	True	True	True	True	False	True	True
16	True	True	True	True	True	True	True	True	True	True
17	True	True	True	True	True	True	True	True	False	True
18	True	True	True	True	True	True	True	True	True	True
19	True	True	True	True	True	True	True	True	True	True
20	True	True	True	True	True	True	True	True	True	True

对于某列要显示其空值所在的行，如"数分"列，可以使用"df[df.数分.isnull()]"。要删除这个空值行，可以使用 drop 函数，也可以使用"df[~df.数分.isnull()]"。

（2）缺失值处理。缺失值的处理方式有数据填充、删除对应行、不处理等方法。

① dropna 函数：将数据结构中值为空的行直接删除。示例代码如下：

```
In [10] : newDF = df.dropna()
     … : newDF
Out[10] :
```

	学号	班级	姓名	性别	英语	体育	军训	数分	高代	解几
0	2308024241	23080242	成龙	男	76	7.8	77	40.0	23.0	60
1	2308024244	23080242	周怡	女	66	9.1	75	47.0	47.0	44
2	2308024251	23080242	张波	男	85	8.1	75	45.0	45.0	60
3	2308024249	23080242	朱浩	男	65	5	80	72.0	62.0	71
4	2308024219	23080242	封印	女	73	8.8	92	61.0	47.0	46
5	2308024201	23080242	迟培	男	60	5	89	71.0	76.0	71
6	2308024347	23080243	李华	男	67	6.1	84	61.0	65.0	78
7	2308024307	23080243	陈田	男	76	7.9	86	69.0	40.0	69
8	2308024326	23080243	余皓	男	66	6.7	85	65.0	61.0	71
9	2308024320	23080243	李嘉	女	62	作弊	90	60.0	67.0	77
10	2308024201	23080242	迟培	男	60	5	89	71.0	76.0	71
11	2308024342	23080243	李上初	男	76	9	84	60.0	66.0	60
12	2308024310	23080243	郭窦	女	79	6.7	84	64.0	64.0	79
13	2308024435	23080244	姜毅涛	男	77	7.1	缺考	61.0	73.0	76
14	2308024432	23080244	赵宇	男	74	7.4	88	68.0	70.0	71
16	2308024421	23080244	林建祥	男	72	7.2	81	63.0	90.0	75
18	2308024428	23080244	李侧通	男	64	9.6	91	69.0	60.0	77
19	2308024402	23080244	王慧	女	73	7.4	93	70.0	71.0	75
20	2308024422	23080244	李晓亮	男	85	6	85	72.0	72.0	83

df 中有 NaN 值的第 16、18 行已经被删除。但可以指定参数 how='all'，表示只有行中的数据全部为空时才丢弃，如 df.dropna(how='all')。如果想以同样的方式按列丢弃，可以传入参数 axis=1，如 df.dropna(how='all',axis=1)。

② df.fillna 函数：用其他数值填充 NaN。有时直接删除缺失值会影响分析结果，因此可以对缺失值进行填充，如使用数值或者任意字符替代缺失值。示例代码如下：

```
In [11] : df.fillna('?')     # 用问号填充缺失值
Out[11] :
```

	学号	班级	姓名	性别	英语	体育	军训	数分	高代	解几
0	2308024241	23080242	成龙	男	76	7.8	77	40.0	23.0	60
1	2308024244	23080242	周怡	女	66	9.1	75	47.0	47.0	44
2	2308024251	23080242	张波	男	85	8.1	75	45.0	45.0	60

3	2308024249	23080242	朱浩	男	65	5	80	72.0	62.0	71
4	2308024219	23080242	封印	女	73	8.8	92	61.0	47.0	46
5	2308024201	23080242	迟培	男	60	5	89	71.0	76.0	71
6	2308024347	23080243	李华	女	67	6.1	84	61.0	65.0	78
7	2308024307	23080243	陈田	男	76	7.9	86	69.0	40.0	69
8	2308024326	23080243	余皓	男	66	6.7	85	65.0	61.0	71
9	2308024320	23080243	李嘉	女	62	作弊	90	60.0	67.0	77
10	2308024201	23080242	迟培	男	60	5	89	71.0	76.0	71
11	2308024342	23080243	李上初	男	76	9	84	60.0	66.0	60
12	2308024310	23080243	郭窦	女	79	6.7	84	64.0	64.0	79
13	2308024435	23080244	姜毅涛	男	77	7.1	缺考	61.0	73.0	76
14	2308024432	23080244	赵宇	男	74	7.4	88	68.0	70.0	71
15	2308024446	23080244	周路	女	76	8	77	68.0	74.0	80
16	2308024421	23080244	林建祥	男	72	7.2	81	63.0	90.0	75
17	2308024433	23080244	李大强	男	79	7.6	77	78.0	90.0	70
18	2308024428	23080244	李侧通	男	64	9.6	91	69.0	60.0	77
19	2308024402	23080244	王慧	女	73	7.4	93	70.0	71.0	75
20	2308024422	23080244	李晓亮	男	85	6	85	72.0	72.0	83

上面的结果中，第 16、18 行用"？"替代了缺失值。

③ df. fillna(method＝'pad')：用该列前一个数据值替代缺失值。示例代码如下：

```
In [12]：df. fillna(method = 'pad')
Out[12]：
```

	学号	班级	姓名	性别	英语	体育	军训	数分	高代	解几
0	2308024241	23080242	成龙	男	76	7.8	77	40.0	23.0	60
1	2308024244	23080242	周怡	女	66	9.1	75	47.0	47.0	44
2	2308024251	23080242	张波	男	85	8.1	75	45.0	45.0	60
3	2308024249	23080242	朱浩	男	65	5	80	72.0	62.0	71
4	2308024219	23080242	封印	女	73	8.8	92	61.0	47.0	46
5	2308024201	23080242	迟培	男	60	5	89	71.0	76.0	71
6	2308024347	23080243	李华	女	67	6.1	84	61.0	65.0	78
7	2308024307	23080243	陈田	男	76	7.9	86	69.0	40.0	69
8	2308024326	23080243	余皓	男	66	6.7	85	65.0	61.0	71
9	2308024320	23080243	李嘉	女	62	作弊	90	60.0	67.0	77
10	2308024201	23080242	迟培	男	60	5	89	71.0	76.0	71
11	2308024342	23080243	李上初	男	76	9	84	60.0	66.0	60

	学号	班级	姓名	性别	英语	体育	军训	数分	高代	解几
12	2308024310	23080243	郭窦	女	79	6.7	84	64.0	64.0	79
13	2308024435	23080244	姜毅涛	男	77	7.1	缺考	61.0	73.0	76
14	2308024432	23080244	赵宇	男	74	7.4	88	68.0	70.0	71
15	2308024446	23080244	周路	女	76	8	77	68.0	74.0	80
16	2308024421	23080244	林建祥	男	72	7.2	81	63.0	90.0	75
17	2308024433	23080244	李大强	男	79	7.6	77	78.0	90.0	70
18	2308024428	23080244	李侧通	男	64	9.6	91	69.0	60.0	77
19	2308024402	23080244	王慧	女	73	7.4	93	70.0	71.0	75
20	2308024422	23080244	李晓亮	男	85	6	85	72.0	72.0	83

④ df.fillna(method＝'bfill')：用该列后一个数据值替代缺失值。与'pad'相反，'bfill'表示用该列后一个数据值替代当前缺失值。可以用 limit 限制每列可替代的缺失值的数目。示例代码如下：

```
In [13]: df.fillna(method = 'bfill')
Out[13]:
```

	学号	班级	姓名	性别	英语	体育	军训	数分	高代	解几
0	2308024241	23080242	成龙	男	76	7.8	77	40.0	23.0	60
1	2308024244	23080242	周怡	女	66	9.1	75	47.0	47.0	44
2	2308024251	23080242	张波	男	85	8.1	75	45.0	45.0	60
3	2308024249	23080242	朱浩	男	65	5	80	72.0	62.0	71
4	2308024219	23080242	封印	女	73	8.8	92	61.0	47.0	46
5	2308024201	23080242	迟培	男	60	5	89	71.0	76.0	71
6	2308024347	23080243	李华	女	67	6.1	84	61.0	65.0	78
7	2308024307	23080243	陈田	男	76	7.9	86	69.0	40.0	69
8	2308024326	23080243	余皓	男	66	6.7	85	65.0	61.0	71
9	2308024320	23080243	李嘉	女	62	作弊	90	60.0	67.0	77
10	2308024201	23080242	迟培	男	60	5	89	71.0	76.0	71
11	2308024342	23080243	李上初	男	76	9	84	60.0	66.0	60
12	2308024310	23080243	郭窦	女	79	6.7	84	64.0	64.0	79
13	2308024435	23080244	姜毅涛	男	77	7.1	缺考	61.0	73.0	76
14	2308024432	23080244	赵宇	男	74	7.4	88	68.0	70.0	71
15	2308024446	23080244	周路	女	76	8	77	63.0	74.0	80
16	2308024421	23080244	林建祥	男	72	7.2	81	63.0	90.0	75
17	2308024433	23080244	李大强	男	79	7.6	77	78.0	60.0	70
18	2308024428	23080244	李侧通	男	64	9.6	91	69.0	60.0	77
19	2308024402	23080244	王慧	女	73	7.4	93	70.0	71.0	75
20	2308024422	23080244	李晓亮	男	85	6	85	72.0	72.0	83

⑤ df.fillna(df.mean())：用均值（或者其他描述性统计量）替代缺失值。示例代码如下：

```
In [14] : df.fillna(df["数分"].mean())
Out[14] :
```

	学号	班级	姓名	性别	英语	体育	军训	数分	高代	解几
0	2308024241	23080242	成龙	男	76	7.8	77	40.00	23.00	60
1	2308024244	23080242	周怡	女	66	9.1	75	47.00	47.00	44
2	2308024251	23080242	张波	男	85	8.1	75	45.00	45.00	60
3	2308024249	23080242	朱浩	男	65	5	80	72.00	62.00	71
4	2308024219	23080242	封印	女	73	8.8	92	61.00	47.00	46
5	2308024201	23080242	迟培	男	60	5	89	71.00	76.00	71
6	2308024347	23080243	李华	女	67	6.1	84	61.00	65.00	78
7	2308024307	23080243	陈田	男	76	7.9	86	69.00	40.00	69
8	2308024326	23080243	余皓	男	66	6.7	85	65.00	61.00	71
9	2308024320	23080243	李嘉	女	62	作弊	90	60.00	67.00	77
10	2308024201	23080242	迟培	男	60	5	89	71.00	76.00	71
11	2308024342	23080243	李上初	男	76	9	84	60.00	66.00	60
12	2308024310	23080243	郭窦	女	79	6.7	84	64.00	64.00	79
13	2308024435	23080244	姜毅涛	男	77	7.1	缺考	61.00	73.00	76
14	2308024432	23080244	赵宇	男	74	7.4	88	68.00	70.00	71
15	2308024446	23080244	周路	女	76	8	77	63.35	74.00	80
16	2308024421	23080244	林建祥	男	72	7.2	81	63.00	90.00	75
17	2308024433	23080244	李大强	男	79	7.6	77	78.00	63.35	70
18	2308024428	23080244	李侧通	男	64	9.6	91	69.00	60.00	77
19	2308024402	23080244	王慧	女	73	7.4	93	70.00	71.00	75
20	2308024422	23080244	李晓亮	男	85	6	85	72.00	72.00	83

"数分"列中除缺失值外剩余数据的均值为 63.35，故以 63.35 替代这两个缺失值。

⑥ df.fillna({'列名 1':值 1,'列名 2':值 2})：传入一个字典，对不同列的缺失值填充不同的值。示例代码如下：

```
In [15] : df.fillna({'数分':100,'高代':0})
Out[15] :
```

	学号	班级	姓名	性别	英语	体育	军训	数分	高代	解几
0	2308024241	23080242	成龙	男	76	7.8	77	40.0	23.0	60
1	2308024244	23080242	周怡	女	66	9.1	75	47.0	47.0	44
2	2308024251	23080242	张波	男	85	8.1	75	45.0	45.0	60

3	2308024249	23080242	朱浩	男	65	5	80	72.0	62.0	71
4	2308024219	23080242	封印	女	73	8.8	92	61.0	47.0	46
5	2308024201	23080242	迟培	男	60	5	89	71.0	76.0	71
6	2308024347	23080243	李华	女	67	6.1	84	61.0	65.0	78
7	2308024307	23080243	陈田	男	76	7.9	86	69.0	40.0	69
8	2308024326	23080243	余皓	男	66	6.7	85	65.0	61.0	71
9	2308024320	23080243	李嘉	女	62	作弊	90	60.0	67.0	77
10	2308024201	23080242	迟培	男	60	5	89	71.0	76.0	71
11	2308024342	23080243	李上初	男	76	9	84	60.0	66.0	60
12	2308024310	23080243	郭窦	女	79	6.7	84	64.0	64.0	79
13	2308024435	23080244	姜毅涛	男	77	7.1	缺考	61.0	73.0	76
14	2308024432	23080244	赵宇	男	74	7.4	88	68.0	70.0	71
15	2308024446	23080244	周路	女	76	8	77	100.0	74.0	80
16	2308024421	23080244	林建祥	男	72	7.2	81	63.0	90.0	75
17	2308024433	23080244	李大强	男	79	7.6	77	78.0	0.0	70
18	2308024428	23080244	李侧通	男	64	9.6	91	69.0	60.0	77
19	2308024402	23080244	王慧	女	73	7.4	93	70.0	71.0	75
20	2308024422	23080244	李晓亮	男	85	6	85	72.0	72.0	83

"数分"列缺失值的填充值为 100，"高代"列缺失值的填充值为 0。

⑦ strip 函数：清除字符型数据左右（首尾）指定的字符，默认为空格。删除字符串左右两侧或首尾指定的空格。示例代码如下：

```
In [16] : from pandas import DataFrame
    … : from pandas import Series
    … : df = DataFrame({'age':Series([26,85,64,85,85]),
    … :                 'name':Series(['    Ben',
    … :                 'John ','    Jerry','John   ','John'])})
    … : df
Out[16] :
    age      name
0    26       Ben
1    85      John
2    64      Jerry
3    85      John
4    85       John

In [17] : df['name']. str. strip()
Out[17] :
```

```
0      Ben
1      John
2      Jerry
3      John
4      John
Name: name, dtype: object
```

如果要删除右边指定的字符，则用 df['name']. str. rstrip()；如果要删除左边指定的字符，则用 df['name']. str. lstrip()。默认为删除空格，也可以带参数，如删除右边的"n"，示例代码如下：

```
In [18] : df['name']. str. rstrip('n')
Out[18] :
0        Be
1      John
2      Jerry
3      John
4        Joh
Name: name, dtype: object
```

在做异常处理时，有些数据可能会出现数据格式不一致的问题，如成绩表中某列记录的是分数，则应该是数值型数据，但其中有一行数据填写的是"缺考"或者"作弊"，这时候如果要对数据做均值计算，就会出错。此时我们需要对数据进行数据检测，包括查看数据各行或者各列的数据格式是否统一，如是否均为数值型或者字符型，又或者显示为 object。示例代码如下：

```
In [19] : from pandas import read_excel
     … : df = read_excel(r'd:\OneDrive\出版\2023 人大出版社\i_nuc. xlsx', sheet_
             name = 'Sheet3')

In [20] : df. loc[9:14]          # 显示索引为 9～14 的行的数据
Out[20] :
```

	学号	班级	姓名	性别	英语	体育	军训	数分	高代	解几
9	2308024320	23080243	李嘉	女	62	作弊	90	60.0	67.0	77
10	2308024201	23080242	迟培	男	60	5	89	71.0	76.0	71
11	2308024342	23080243	李上初	男	76	9	84	60.0	66.0	60
12	2308024310	23080243	郭窦	女	79	6.7	84	64.0	64.0	79
13	2308024435	23080244	姜毅涛	男	77	7.1	缺考	61.0	73.0	76
14	2308024432	23080244	赵宇	男	74	7.4	88	68.0	70.0	71

```
In [21] : df.info()                    ♯ 查看数据整体情况
<class 'pandas. core. frame. DataFrame'>
RangeIndex: 21 entries, 0 to 20
Data columns (total 10 columns):
     #     Column        Non-Null Count       Dtype
- - -   - - - - - -     - - - - - - - - -    - - - - -
     0       学号         21 non-null         int64
     1       班级         21 non-null         int64
     2       姓名         21 non-null         object
     3       性别         21 non-null         object
     4       英语         21 non-null         int64
     5       体育         21 non-null         object
     6       军训         21 non-null         object
     7       数分         20 non-null         float64
     8       高代         20 non-null         float64
     9       解几         21 non-null         int64
dtypes: float64(2), int64(4), object(4)
memory usage: 1.8 + KB
```

在 df 数据中，索引为 9 和 13 的行中分别在"体育"和"军训"列中有"作弊"和"缺考"，所以这两列数据类型显示为 object，而不是纯数据列的 int64 或者 float64。另外，从"数分"和"高代"两列中可以看出，尽管数据类型均为 float64，但是显示"20 non-null"，而其他的列都是"21 non-null"，说明"数分"和"高代"列中有空值存在，因为空值 NaN 的数据类型是 float，这一点要特别注意。

另外，异常值中的离群点可以通过数据可视化中的箱线图来发现，这部分内容会在后面讲解。

7.1.2　数据标准化

在进行数据分析之前，有些数据通常需要先标准化（normalization），然后利用标准化后的数据进行分析。数据标准化是指将数据按比例缩放，使之落入一个小的特定区间。在某些比较和评价的指标处理中经常会用到数据标准化，主要是消除数据的单位限制，将其转化为无量纲的纯数值，便于不同单位或量级的指标进行比较和加权。

数据标准化的方法有很多种，常用的有最小-最大标准化、Z-score 标准化和按小数定标标准化等。经过上述标准化处理，原始数据均转换为无量纲化指标测评值，即各指标值都处于同一个数量级别，从而可以对其进行综合测评分析。下面重点介绍最小-最大标准化和 Z-score 标准化。

1. 最小-最大标准化

最小-最大标准化（min-max normalization），又称离差标准化，是指对原始数据进行线性变换，使结果映射到 $[0,1]$ 区间且无量纲。标准化公式如下：

$$X^* = (x - \min)/(\max - \min)$$

式中，max 表示样本最大值，min 表示样本最小值。

当有新数据加入时，需要重新进行数据标准化。

示例代码如下：

```
In [22] : from pandas import read_excel
    … : df = read_excel(r'd:\OneDrive\出版\2023 人大出版社\i_nuc.xlsx', sheet_
              name = 'Sheet7')
    … : df. head()
Out[22] :
```

	学号	班级	姓名	性别	英语	体育	军训	数分	高代	解几
0	2308024241	23080242	成龙	男	76	78	77	40	23	60
1	2308024244	23080242	周怡	女	66	91	75	47	47	44
2	2308024251	23080242	张波	男	85	81	75	45	45	60
3	2308024249	23080242	朱浩	男	65	50	80	72	62	71
4	2308024219	23080242	封印	女	73	88	92	61	47	46

```
In [23] : scale = (df. 数分. astype(int) − df. 数分. astype(int). min())/(df. 数分.
              astype(int). max() − df. 数分. astype(int). min())
    … : scale. head()
Out[23] :
0  0.000000
1  0.184211
2  0.131579
3  0.842105
4  0.552632
Name: 数分,dtype: float64
```

还可以使用如下方法，对正项序列 x_1，x_2，…，x_n 进行变换：

$$y_i = \frac{x_i}{\sum_{i=1}^{n} x_i}$$

则新序列 y_1，y_2，…，$y_n \in [0,1]$ 且无量纲，并且显然有 $\sum_{i=1}^{n} y_i = 1$。

2. Z-score 标准化

这种方法利用原始数据的均值和标准差进行数据的标准化。经过处理的数据服从标准正态分布，即均值为 0、标准差为 1，标准化公式如下：

$$X^* = (x - \mu)/\sigma$$

式中，μ 为所有样本数据的均值，σ 为所有样本数据的标准差。将数据按其属性（按列进行）减去其均值，并除以其标准差，得到的结果对于每个属性（每列）来说，所有数据都聚集在 0 附近，标准差为 1。

Z-score 标准化方法适用于属性 A 的最大值和最小值未知的情况，或有超出取值范围的离群数据的情况。标准化后的变量值围绕零上下波动，大于零说明高于平均水平，小于零则说明低于平均水平。

使用 sklearn. preprocessing. scale 函数可以直接对给定数据进行 Z-score 标准化，示例代码如下：

```
In [24] : from sklearn import preprocessing
      … : import numpy as np

      … : df1 = df['数分']
      … : df_scaled = preprocessing. scale(df1)
      … : df_scaled
Out[24] :
array([ − 2. 50457384, − 1. 75012229, − 1. 96567988, 0. 94434751, − 0. 2412192, 0. 83656872,
       − 0. 2412192, 0. 62101114, 0. 18989597, − 0. 34899799, − 0. 34899799, 0. 08211717,
       − 0. 2412192, 0. 51323234, − 0. 2412192, − 0. 02566162, 1. 59102027, 0. 62101114,
       0. 72878993, 0. 94434751, 0. 83656872])
```

7.1.3　数据运算

对各字段进行加、减、乘、除等四则运算，并将计算出的结果作为新的字段，如图 7-1 所示。

学号	姓名	高代	解几
2308024241	成龙	23	60
2308024244	周怡	47	44
2308024251	张波	45	60
2308024249	朱浩	62	71
2308024219	封印	47	46

学号	姓名	高代	解几	高代+解几
2308024241	成龙	23	60	83
2308024244	周怡	47	44	91
2308024251	张波	45	60	105
2308024249	朱浩	62	71	133
2308024219	封印	47	46	93

图 7-1　字段之间的运算结果作为新的字段

示例代码如下：

```
In [25] : from pandas import read_excel
     … : df = read_excel(r'd:\OneDrive\出版\2023 人大出版社\i_nuc.xlsx', sheet_
                   name = 'Sheet7', index_col = 0)
     … : df.head()
Out[25] :
          学号         班级      姓名    性别    英语    体育    军训    数分    高代    解几
0  2308024241   23080242   成龙     男     76    78    77    40    23    60
1  2308024244   23080242   周怡     女     66    91    75    47    47    44
2  2308024251   23080242   张波     男     85    81    75    45    45    60
3  2308024249   23080242   朱浩     男     65    50    80    72    62    71
4  2308024219   23080242   封印     女     73    88    92    61    47    46
```

```
In [26] : jj = df['解几'].astype(int)        ♯ 将 df 中的"解几"转化为 int 类型
     … : gd = df['高代'].astype(int)
     … : df['解几 + 高代'] = jj + gd          ♯ 在 df 中新增"解几 + 高代"列, 值为: jj + gd
     … : df.head()
Out[26] :
          学号         班级      姓名   性别   英语   体育   军训   数分   高代   解几   解几 + 高代
0  2308024241   23080242   成龙    男    76   78   77   40   23   60      83
1  2308024244   23080242   周怡    女    66   91   75   47   47   44      91
2  2308024251   23080242   张波    男    85   81   75   45   45   60     105
3  2308024249   23080242   朱浩    男    65   50   80   72   62   71     133
4  2308024219   23080242   封印    女    73   88   92   61   47   46      93
```

对列的数据类型进行转化也可以使用 map 函数和 apply 函数。

```
jj = df['解几'].map(str)       ♯ 将 df 中的"解几"转化为 str 类型
gd = df['高代'].apply(float)    ♯ 将 df 中的"高代"转化为 float 类型
```

7.1.4 日期处理

在做数据处理时，常常需要对日期格式进行处理以及对时间进行运算等。

1. 日期转换

将字符型日期格式转换为日期格式数据，函数如下：

```
to_datetime(dateString, format)
```

format 格式：

%Y：年份

%m：月份

%d：日期

%H：小时

%M：分钟

%S：秒

如

$$to\_datetime(df.注册时间,format='\%Y/\%m/\%d')$$

示例代码如下：

```
In [27] : from pandas import to_datetime
    ... : from pandas import read_excel
    ... : df = read_excel(r'd:\OneDrive\出版\2023 人大出版社\i_nuc.xlsx', sheet_
            name = 'Sheet9')
    ... : df
Out[27] :
    num   price   year   month        date
0   123     159   2016       1   2016 - 06 - 01
1   124     753   2016       2   2016 - 06 - 02
2   125     456   2016       3   2016 - 06 - 03
3   126     852   2016       4   2016 - 06 - 04
4   127     210   2016       5   2016 - 06 - 05
5   115     299   2016       6   2016 - 06 - 06
6   102     699   2016       7   2016 - 06 - 07
7   201     599   2016       8   2016 - 06 - 08
8   154     199   2016       9   2016 - 06 - 09
9   142     899   2016      10   2016 - 06 - 10

In [28] : df_dt = to_datetime(df. date, format = " %Y/%m/%d")
    ... : df_dt
Out[28] :
0   2016 - 06 - 01
1   2016 - 06 - 02
2   2016 - 06 - 03
3   2016 - 06 - 04
4   2016 - 06 - 05
5   2016 - 06 - 06
```

```
6    2016 − 06 − 07
7    2016 − 06 − 08
8    2016 − 06 − 09
9    2016 − 06 − 10
Name: date, dtype: datetime64[ns]
```

2. 日期格式化

将日期型数据按照给定的格式转化为字符型数据，函数如下：

$$\text{datetime. strftime}(x, format)$$

示例代码如下：

```
In [29] : from pandas import read_excel
     ⋯ : from pandas import to_datetime
     ⋯ : from datetime import datetime

In [30] : df_dt_str = df_dt. apply(lambda x:datetime. strftime(x, " %Y/%m/%d"))
     ⋯ : df_dt_str
Out[30] :
0    2016/06/01
1    2016/06/02
2    2016/06/03
3    2016/06/04
4    2016/06/05
5    2016/06/06
6    2016/06/07
7    2016/06/08
8    2016/06/09
9    2016/06/10
Name: date, dtype: object
```

注意，当希望将函数 f 应用于 DataFrame 对象的行或列时，可以使用".apply(f, axis＝0, args＝(), **kwds)"，axis＝0 表示按列运算，axis＝1 表示按行运算。示例代码如下：

```
In [31] : from pandas import DataFrame
     ⋯ : df = DataFrame({'ohio':[1, 3, 6], 'texas':[1, 4, 5], 'calif':[2, 5, 8]}, index =
              ['a', 'c', 'd'])
```

```
    ... : df
Out[31] :
    ohio   texas   calif
a    1      1       2
c    3      4       5
d    6      5       8


In [32] : f = lambda x:x. max( ) - x. min( )
    ... : df. apply( f )              # 默认按列运算,同 df. apply( f,axis = 0)
Out[32] :
ohio      5
texas     4
calif     6
dtype: int64


In [33] : df. apply( f,axis = 1)     # 按行运算
Out[33] :
a    1
c    2
d    3
dtype: int64
```

3. 日期抽取

日期抽取是指从日期格式中抽取出需要的部分属性，语法格式如下：

Data_dt. dt. property

second：秒，1～60

minute：分，1～60

hour：小时，1～24

day：天，1～31

month：月，1～12

year：年份

weekday：一周中的第几天，1～7

如对日期进行抽取，示例代码如下：

```
In [34] : df_dt. dt. year
Out[34] :
```

```
0      2016
1      2016
2      2016
3      2016
4      2016
5      2016
6      2016
7      2016
8      2016
9      2016
Name: date,dtype: int32

In [35]: df_dt.dt.day
Out[35]:
0      1
1      2
2      3
3      4
4      5
5      6
6      7
7      8
8      9
9      10
Name: date,dtype: int32
```

其他的时间格式提取如下：

```
df_dt.dt.month
df_dt.dt.weekday
df_dt.dt.second
df_dt.dt.hour
df_dt.dt.minute
```

4. 日期运算

datetime 模块中包含 timedelta 函数，可以在日期上进行加减，如在当前的日期上加 3 天，函数会自动给出 3 天后的日期。示例代码如下：

```
In [36] : import datetime
     … : [datetime. datetime. strftime(i + datetime. timedelta(3),
              " %Y/%m/%d") for i in df_dt]
              ♯ 在当前日期上加 3 天
Out[36] :
['2016/06/04',
 '2016/06/05',
 '2016/06/06',
 '2016/06/07',
 '2016/06/08',
 '2016/06/09',
 '2016/06/10',
 '2016/06/11',
 '2016/06/12',
 '2016/06/13']
```

这里用到了列表推导式，也可以分步实现上述过程。示例代码如下：

```
In [37] : import datetime
     … : t = [ ]
     … : for i in df_dt:
     … :     d = i + datetime. timedelta(3)
     … :     dd = datetime. datetime. strftime(d," %Y/%m/%d")
     … :     t. append(dd)
     … : t
Out[37] :
['2016/06/04',
 '2016/06/05',
 '2016/06/06',
 '2016/06/07',
 '2016/06/08',
 '2016/06/09',
 '2016/06/10',
 '2016/06/11',
 '2016/06/12',
 '2016/06/13']
```

7.1.5 其他操作

1. map、apply 函数的使用

将数据框中性别列对应的男和女分别替换成 1 和 0，并做成新的列。示例代码如下：

```
In [38] : import pandas as pd
     ... : d = {"gender":["male","female","male","female"],
     ... :      "color":["red","green","blue","green"],
     ... :      "age":[25,30,15,32]}
     ... : df = pd.DataFrame(d)
     ... : df
Out[38] :
   gender  color  age
0    male    red   25
1  female  green   30
2    male   blue   15
3  female  green   32
```

在 gender 列上，使用 map 函数快速完成如下映射：

```
In [39] : d = {"male": 1,"female": 0}
     ... : df["gender2"] = df["gender"].map(d)

In [40] : df
Out[40] :
   gender  color  age  gender2
0    male    red   25        1
1  female  green   30        0
2    male   blue   15        1
3  female  green   32        0
```

上面的操作也可以通过 apply 函数实现，示例代码如下：

```
In [41] : df["mal_n"] = df.gender.apply(lambda x:1 if x == "male" else 0)
     ... : df
Out[41] :
```

	gender	color	age	mal_n
0	male	red	25	1
1	female	green	30	0
2	male	blue	15	1
3	female	green	32	0

还可以写成如下函数:

```
def pd_column_modify_value(df,col,dic):
    """
    对某列的某个值进行统一修改
    对 df 数据的 col 列按照字典 dic 替换对应值
    """
    df["name_"] = [""]*len(df)
    df["name_"] = df[col].map(dic)
    return df
```

示例代码如下:

```
In [42] : import pandas as pd
     ... : import numpy as np
     ... : def pd_column_modify_value(df,col,dic):
     ... :     """
     ... :     对某列的某个值进行统一修改
     ... :     对 df 数据的 col 列按照字典 dic 替换对应值
     ... :     """
     ... :     df["name_"] = [""]*len(df)
     ... :     df["name_"] = df[col].map(dic)
     ... :     return df

In [43] : df = pd.DataFrame(np.random.randint(1,10,size = (5,2)),
                            columns = ['A','B'])
     ... : df
Out[43] :
   A  B
0  3  5
1  7  7
```

```
2   4   4
3   1   2
4   4   4

In [44] : nw = {5:0,2:"?"}
    ... : pd_column_modify_value(df,"B",nw)
Out[44] :
    A   B   name_
0   3   5         0
1   7   7       NaN
2   4   4       NaN
3   1   2         ?
4   4   4       NaN
```

2. replace 函数和正则清洗数据

对某列使用 replace 函数和正则可以快速完成值的清洗。先创建数据框 df，示例代码如下：

```
In [45] : d = {"customer":["A","B","C","D"],
          "sales":[1100,"950.5RMB"," $ 400"," $ 1250.75"]}
    ... : df = pd.DataFrame(d)
    ... : df
Out[45] :
    customer        sales
0         A         1100
1         B      950.5RMB
2         C        $ 400
3         D     $ 1250.75
```

我们的目标是清洗掉"RMB"和"$"符号，将这一列转化为浮点型。使用正则替换，将要替换的字符放到列表 [$,RMB] 中，此处替换为空字符，即""；最后使用 astype 转换为浮点型。使用正则表达式时，记得在后面添加 regex＝True 参数，表示使用正则表达式。示例代码如下：

```
In [46] : df["sales"] = df["sales"]. replace("[$,RMB]","",
                  regex = True). astype("float")
```

```
In [47]: df
Out[47]:
   customer    sales
0         A  1100.00
1         B   950.50
2         C   400.00
3         D  1250.75
```

3. 将分类中出现次数较少的值归为 others

先创建一个数据框 d，示例代码如下：

```
In [48]: d = {"name":['Jone','Alica','Emily','Robert','Tomas',
        'Zhang','Liu','Wang','Jack','Wsx','Guo'],
        "categories": ["A","C","A","D","A",
        "B","B","C","A","E","F"]}
    ...: df = pd.DataFrame(d)
    ...: df
Out[48]:
      name categories
0     Jone          A
1    Alica          C
2    Emily          A
3   Robert          D
4    Tomas          A
5    Zhang          B
6      Liu          B
7     Wang          C
8     Jack          A
9      Wsx          E
10     Guo          F
```

categories 列中 A 出现的次数较多，D、E、F 仅出现一次，因此将 D、E、F 归为 others 类。

步骤 1：统计频次并归一。示例代码如下：

```
In [49]: frequencies = df["categories"].value_counts(normalize = True)
    ...: frequencies
```

```
Out[49] :
A  0.363636
C  0.181818
B  0.181818
E  0.090909
D  0.090909
F  0.090909
Name: categories,dtype: float64
```

步骤 2：设定阈值，过滤出频次较少的值。示例代码如下：

```
In [50] : threshold = 0.1
    … : small_categories = frequencies[frequencies < threshold]. index
    … : small_categories
Out[50] : Index(['E', 'D', 'F'], dtype = 'object')
```

步骤 3：替换值。示例代码如下：

```
In [51] : df["categories"] = df["categories"].
                         replace(small_categories,"others")

In [52] : df["categories"]
Out[52] :
0  A
1  C
2  A
3  others
4  A
5  B
6  B
7  C
8  A
9  others
10 others
Name: categories,dtype: object
```

也可以对 out[49] 的结果 frequencies 做另外一种有意思的操作：低于 0.1 的取 0.18，高于 0.2 的则取 0.2。具体思路为：先自定义一个函数，判断参数的值是否符合上述规则，再将这个自定义函数应用于这一列。示例代码如下：

```
def get_value(value,max_value,min_value):
    if value>max_value:
        value = max_value
    if value<min_value:
        value = min_value
    return value

frequencies.apply(get_value,args = (0.2,0.18))
```

7.2　数据分析

数据分析可以采用 Python 中的 numpy、pandas 和 scipy 等常用分析工具，并结合常用的统计量来进行数据描述，把数据的特征和内在结构展现出来。

7.2.1　基本统计分析

基本统计分析又叫作描述性统计分析，一般统计某个变量的最小值、第一四分位值、中值、第三四分位值、最大值和均值。

描述性统计分析所用的函数为 describe 函数，其返回值是均值、标准差、最大值、最小值、分位数等。函数的括号中可以带一些参数，例如，参数 percentiles $=[0.2, 0.4, 0.6, 0.8]$ 就是指定计算 0.2、0.4、0.6、0.8 分位数，而不是默认的 1/4、1/2、3/4 分位数。

常用的统计函数如下：

- size 函数：计数（此函数不需要括号）。
- sum 函数：求和。
- mean 函数：求均值。
- var 函数：求方差。
- std 函数：求标准差。

```
In [1] : import pandas as pd
    … : df = pd.read_excel(r'd:\OneDrive\出版\2023 人大出版社\i_nuc.xlsx',sheet_
                      name = 'Sheet7')
    … : df.head()
```

Out[1] :

	Unnamed: 0	学号	班级	姓名	性别	英语	体育	军训	数分	高代	解几
0	0	2308024241	23080242	成龙	男	76	78	77	40	23	60
1	1	2308024244	23080242	周怡	女	66	91	75	47	47	44
2	2	2308024251	23080242	张波	男	85	81	75	45	45	60
3	3	2308024249	23080242	朱浩	男	65	50	80	72	62	71
4	4	2308024219	23080242	封印	女	73	88	92	61	47	46

In [2] : df = df.drop("Unnamed: 0", axis = 1)　　# 删除第一列

In [3] : df.数分.describe()　　# 查看"数分"列的基本统计

Out[3] :

```
count   20.000000
mean    62.850000
std      9.582193
min     40.000000
25%     60.750000
50%     63.500000
75%     69.250000
max     78.000000
Name: 数分, dtype: float64
```

In [4] : df.describe()　　# 查看所有列的基本统计

Out[4] :

	学号	班级	英语	…	数分	高代	解几
count	2.000000e+01	2.000000e+01	20.000	…	20.000000	20.000000	20.000000
mean	2.308024e+09	2.308024e+07	72.550	…	62.850000	62.150000	69.650000
std	8.399160e+01	8.522416e-01	7.178	…	9.582193	15.142394	10.643876
min	2.308024e+09	2.308024e+07	60.000	…	40.000000	23.000000	44.000000
25%	2.308024e+09	2.308024e+07	66.000	…	60.750000	56.750000	66.750000
50%	2.308024e+09	2.308024e+07	73.500	…	63.500000	65.500000	71.000000
75%	2.308024e+09	2.308024e+07	76.250	…	69.250000	71.250000	77.000000
max	2.308024e+09	2.308024e+07	85.000	…	78.000000	90.000000	83.000000

[8 rows × 8 columns]

```
In [5]: df.解几.size          # 注意:这里没有括号"()"
Out[5]: 20

In [6]: df.解几.max()
Out[6]: 83

In [7]: df.解几.min()
Out[7]: 44

In [8]: df.解几.sum()
Out[8]: 1393

In [9]: df.解几.mean()
Out[9]: 69.65

In [10]: df.解几.var()
Out[10]: 113.29210526315788

In [11]: df.解几.std()
Out[11]: 10.643876420889049
```

对于 numpy 数组，也可以使用 mean 函数计算样本均值，使用 average 函数计算加权的样本均值。如计算"数分"的平均成绩，示例代码如下：

```
In [12]: import numpy as np
    ...: np.mean(df['数分'])
Out[12]: 62.85

In [13]: np.average(df['数分'])
Out[13]: 62.85
```

还可以使用 pandas 中的 DataFrame 对象的 mean 函数求均值，示例代码如下：

```
In [14]: df['数分'].mean()
Out[14]: 62.85
```

数据的中心位置是我们最容易想到的数据特征。借由中心位置，我们可以了解数据的平均情况，如果要对新数据进行预测，那么平均情况是非常直观的选择。数据的中心位置可分为均值、中位数、众数，其中，均值和中位数用于定量数据，众数用于定性数据。对于定量数据来说，均值是数值总和除以数据总量，中位数是数值大小位于中间（数据总量为奇数和偶数时求法不同）的值。相对于中位数来说，均值包含的信息量更大，但是容易受异常值的影响。

计算中位数的示例代码如下：

```
In [15] : df[['英语','体育','军训','数分','高代','解几']].median()     # 计算中位数
Out[15] :
英语    73.5
体育    74.0
军训    84.0
数分    63.5
高代    65.5
解几    71.0
dtype: float64
```

对于定性数据来说，众数是出现次数最多的值，使用 mode 函数计算众数的示例代码如下：

```
In [16] : df[['英语','体育','军训','数分','高代','解几']].mode()
Out[16] :
     英语    体育    军训    数分    高代    解几
0    76.0    50    84.0    61.0    47.0    71.0
1    NaN     67    NaN     NaN     70.0    NaN
2    NaN     74    NaN     NaN     NaN     NaN
```

"体育"的众数有三个，50、67、74 出现的频数一样，都是 3 次；"高代"中的 47、70 出现的频数也一样，都是 2 次。

7.2.2 分组分析

分组分析是根据分组字段将分析对象划分成不同的部分，以对各组之间的差异进行对比分析的一种分析方法。例如上节中的学生成绩表可以按照班级分组，如表 7-1 所示。

表 7-1　按班级分组显示军训、英语、体育的平均成绩

班级	军训	英语	体育
23080242	81.333 333	70.833 333	73
23080243	85.5	71	60.666 667
23080244	64.375	75	75.375

分组分析常用的统计指标有计数、求和、求均值。语法格式如下：

　　　　df. groupby(by＝['分类 1','分类 2',⋯])['被统计的列'].统计函数

其中，by 表示用于分组的列；[ ] 表示被统计的列；统计函数中，size 表示计数，sum 表示求和，mean 表示求均值。

当"被统计的列"多于一个对象（列名）时，需要使用列表。示例代码如下：

```
In [17] : df. groupby(by = '班级')[['军训','英语','体育']]. mean()
Out[17] :
    班级         军训          英语          体育
23080242    81. 333333    70. 833333    73. 000000
23080243    85. 500000    71. 000000    60. 666667
23080244    64. 375000    75. 000000    75. 375000
```

当 by 不止一个分组对象（列名）时，需要使用列表。示例代码如下：

```
In [18] : df. groupby(by = ['班级','性别'])[['数分','高代']]. mean()
Out[18] :
    班级      性别        数分          高代
23080242     女     54. 000000    47. 000000
             男     57. 000000    51. 500000
23080243     女     61. 666667    65. 333333
             男     64. 666667    55. 666667
23080244     女     65. 500000    72. 500000
             男     68. 500000    72. 500000
```

7.2.3　分布分析

分布分析是根据分析目的将数据（定量数据）进行等距或不等距的分组，进而研究各组分布规律的一种分析方法。分布分析主要使用 cut 函数。示例代码如下：

```
In [19] : df['总分'] = df.英语 + df.体育 + df.军训 + df.数分 + df.高代 + df.解几
    … : df['总分']. head()
Out[19] :
0    354
1    370
2    391
3    400
```

```
4    407
Name: 总分, dtype: int64

In [20] : df['总分'].describe()
Out[20] :
count    20.000000
 mean   413.250000
  std     36.230076
  min    354.000000
  25%    386.000000
  50%    416.500000
  75%    446.250000
  max    457.000000
Name: 总分, dtype: float64

In [21] : bins = [min(df.总分) - 1, 400, 450, max(df.总分) + 1]    # 将数据分成三段
     ... : bins
Out[21] : [353, 400, 450, 458]

In [22] : labels = ['400 及以下', '400~450', '450 及以上']           # 给三段数据贴标签
     ... : labels
Out[22] : ['400 及以下', '400~450', '450 及以上']

In [23] : 总分分层 = pd.cut(df.总分, bins, labels = labels)
     ... : 总分分层 .head()
Out[23] :
0    400 及以下
1    400 及以下
2    400 及以下
3    400 及以下
4    400~450
Name: 总分, dtype: category
Categories (3, object): ['400 及以下' < '400~450' < '450 及以上']

In [24] : df['总分分层'] = 总分分层
     ... : df.tail()
```

```
Out[24]:
        学号        班级      姓名 性别 英语 体育 军训 数分 高代 解几 总分   总分分层
15 2308024421 23080244 林建祥  男  72  72  81  63  90  75  453  450 及以上
16 2308024433 23080244 李大强  男  79  76  77  78  70  70  450  400～450
17 2308024428 23080244 李侧通  男  64  96  91  69  60  77  457  450 及以上
18 2308024402 23080244  王慧  女  73  74  93  70  71  75  456  450 及以上
19 2308024422 23080244 李晓亮  男  85  60  85  72  72  83  457  450 及以上

In [25]: df.groupby(by = ['总分分层'])['总分'].agg(np.size)
Out[25]:
 总分分层
400 及以下   7
 400～450  9
450 及以上   4
Name:总分,dtype: int64
```

7.2.4　相关分析

　　判断两个变量是否具有线性相关关系的最直观的方法是绘制散点图，看变量之间是否符合某种变化规律。当需要同时考察多个变量之间的相关关系时，逐一绘制它们之间的简单散点图是比较麻烦的。此时可以利用散点图矩阵来同时绘制各变量之间的散点图，从而快速发现多个变量之间的主要相关性，这在进行多元线性回归时尤为重要。

　　相关分析研究现象之间是否存在某种依存关系，并探讨具有依存关系的现象的相关方向以及相关程度，它是研究随机变量之间的相关关系的一种统计方法。

　　为了更加准确地描述变量之间的线性相关程度，通常计算相关系数来进行相关分析。在二元变量的相关分析过程中，比较常用的有 Pearson 相关系数、Spearman 秩相关系数（也称等级相关系数）和判定系数。Pearson 相关系数一般用于分析两个连续变量之间的关系，它要求连续变量的取值服从正态分布。不服从正态分布的变量、分类或等级变量之间的关联性可用 Spearman 秩相关系数来描述。

　　相关系数与相关程度的关系如表 7-2 所示。

表 7-2　相关系数与相关程度的关系

相关系数 $|r|$ 的取值范围	相关程度
$0 \leqslant |r| < 0.3$	低度相关
$0.3 \leqslant |r| < 0.8$	中度相关
$0.8 \leqslant |r| \leqslant 1$	高度相关

相关分析函数如下：

● DataFrame. corr()。

● Series. corr(other)。

如果由 DataFrame 调用 corr 函数，那么将会计算每列两两之间的相关程度；如果由 Series 调用 corr 函数，那么只计算该序列与传入的序列之间的相关程度。

返回值如下：

● DataFrame 调用：返回 DataFrame。

● Series 调用：返回一个数值型数据，表示相关程度的大小。

示例代码如下：

```
In [26]：df['高代']. corr(df['数分'])     # 计算两列之间的相关系数
Out[26]：0.6077408233260108

In [27]：df.loc[:,['英语','体育','军训','解几','数分','高代']].corr()
Out[27]：
```

	英语	体育	军训	解几	数分	高代
英语	1.000000	0.375784	-0.252970	0.027452	-0.129588	-0.125245
体育	0.375784	1.000000	-0.127581	-0.432656	-0.184864	-0.286782
军训	-0.252970	-0.127581	1.000000	-0.198153	0.164117	-0.189283
解几	0.027452	-0.432656	-0.198153	1.000000	0.544394	0.613281
数分	-0.129588	-0.184864	0.164117	0.544394	1.000000	0.607741
高代	-0.125245	-0.286782	-0.189283	0.613281	0.607741	1.000000

Out [26] 的输出结果为 0.607 7，介于 0.3～0.8 之间，属于中度相关，比较符合实际，因为高代和数分都属于数学类"老三基"课程，但是又存在差异。

练 习

Excel 文件中有两个表，分别放在 Sheet1 和 Sheet2 中，表格内容分别如表 7-3 和表 7-4 所示。

表 7-3　成绩表

学号	C#	线代	Python
16010203	78	88	96
16010210	87	58	83
16010205	84	65	82
16010213	86	72	67
16010215	67	76	85

续表

学号	C#	线代	Python
16010208	76	43	69
16010209	56	68	92
16010204	89	缺考	86
16010211	81	81	75
16010212	73	77	69
16010206	65	80	84
16010214	90	73	91
16010207	91	64	86

表7-4 信息表

姓名	学号	手机号码
张三	16010203	16699995521
李四	16010204	16699995522
王五	16010205	16699995523
赵六	16010206	16699995524
郑七	16010207	16699995525
钱八	16010208	16699995526
张千	16010209	16699995527
赵六	16010210	16699995528
李矛	16010211	16699995529
张白	16010212	16699995510
白九	16010213	16699995511
冀二	16010214	16699995512
余一	16010215	16699995513

现请完成如下工作：

（1）给成绩表增加"姓名"列；

（2）给成绩表增加"总分"列，并求出总分；

（3）增加"等级"列，标注出每人"总分"的"优""良""中""及格""差"（270≤优，240≤良<270，210≤中<240，180≤及格<210，差<180）；

（4）计算各门课程的平均成绩及标准差。

第 8 章 数据可视化

matplotlib 是 Python 的 2D 绘图库，是 Python 中一个非常重要的数据可视化库，它提供了丰富的接口，可以以各种硬拷贝格式和跨平台的交互式环境生成出版质量级别的图形。通过 matplotlib，开发者仅需几行代码便可以生成折线图、散点图、柱状图、饼图、直方图等。

matplotlib 的主要特点包括如下几个。

● 简单易用：matplotlib 的接口设计简洁明了，使用起来相对容易。用户可以通过简单的命令或者函数调用来创建各种类型的图形，例如折线图、散点图、柱状图、饼图等。

● 可定制性强：matplotlib 的图形样式可以通过参数来定制，用户可以通过设置参数来调整图形的颜色、线型、标签等属性。此外，matplotlib 还支持自定义图形样式，用户可以创建自己的图形样式并进行应用。

● 支持多轴绘图：matplotlib 支持多轴绘图，可以同时绘制多个图形，并且可以自定义每个轴的属性。这对于比较和对照不同数据集非常有用。

● 支持多种输出格式：matplotlib 支持多种输出格式，例如 png、jpg、svg、pdf 等。用户可以根据需要选择合适的输出格式来保存图形。

● 支持文字绘制：matplotlib 支持在图形中添加文字，包括标题、轴标签、图例等。用户可以通过设置参数来调整文字的大小、颜色、字体等属性。

● 可扩展性强：matplotlib 可以与其他 Python 数据可视化库集成，例如 seaborn、plotly 等。此外，matplotlib 还支持自定义扩展功能，用户可以根据需要编写自己的图形类型和功能。

8.1 matplotlib 绘图基础

matplotlib 包含多个子模块，其中 pyplot 子模块应用最广，它主要用于数据绘图。使用 matplotlib 及 matplotlib 中的子模块时，需要先导入，使用 as 将 mpl、plt 分别作为 matplotlib、matplotlib. pyplot 的别名。常用的导入 matplotlib 及其 pyplot 子模块的命令分别为：

```
import matplotlib as mpl
import matplotlib.pyplot as plt
```

matplotlib 默认不支持中文字符的显示，无法正常显示中文以及一些符号，如负号等。因此，为了在 matplotlib 中正常显示中文及其他符号，需要人工修改 matplotlib 的 rc 配置文件，设置 matplotlib 支持的中文字体作为默认字体，示例代码如下：

```
plt.rcParams['font.family'] = 'Microsoft YaHei'      # 设置默认字体
plt.rcParams['font.size'] = 16                        # 设置字体大小
```

其中，rcParams 表示 rc 配置文件，font.family 表示字体类型，font.size 表示字体大小，"Microsoft YaHei" 为微软雅黑字体。表 8-1 列出了最常用的中文字体及其英文对照。

表 8-1　常用中文字体及其英文对照

中文字体	英文对照
宋体	SimSun
黑体	SimHei
微软雅黑	Microsoft YaHei
仿宋	FangSong
楷体	KaiTi
隶书	LiSu
幼圆	YouYuan
华文细黑	STXihei
华文楷体	STKaiti
华文仿宋	STFangsong

使用 Jupyter Notebook 时，还需要加载一行代码：

```
% matplotlib inline
```

该行代码表示在当前页面上直接显示图像。

绘图包括三项工作：

（1）准备数据。如带有坐标属性的图像应该有 x 轴和 y 轴数据，饼图需要有类别及其对应的数据。

（2）选择图像类型。如折线图、饼图、雷达图等，以及所选图像类型的各种控制参数。

（3）设置图像辅助参数。如图像的标题、图例、刻度标注、画布大小以及图像的存储等。

例如简单地绘制一个抛物线图像，示例代码如下：

```
In [1] : import matplotlib as mpl
    … : import matplotlib. pyplot as plt
    … : plt. rcParams['font. family'] = 'Microsoft YaHei'      # 设置默认字体
    … : plt. rcParams['font. size'] = 16                        # 设置字体大小
    … : # 准备数据
    … : x = range(0,50)
    … : y = [ i**2 for i in x]
    … : # 选择图像类型
    … : plt. plot(x,y)
    … : # 设置图像辅助参数
    … : plt. title("抛物线")                                     # 标题
    … : plt. savefig("pwx. png")                                # 保存图像
    … : plt. show( )                                            # 见图 8 - 1
```

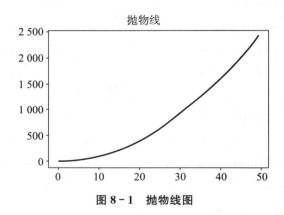

图 8 - 1　抛物线图

使用 matplotlib 绘图的基本步骤如下。

（1）导入库。

（2）创建画布对象 figure。示例代码如下：

```
fig = plt. figure( )
```

在绘制图形之前，需先创建一个空白画布，pyplot 子模块使用"plt. figure()"创建空白画布对象。若只在画布上创建一个图形，可以不显式使用"plt. figure()"，直接使用 pyplot 子模块默认创建的 figure 对象即可。若要在画布上创建多个图形，则必须使用"plt. figure()"命令显式创建画布，将画布划分成多个部分，然后逐个添加子图。

（3）准备绘图数据。可以从文件中读取数据，也可以使用函数生成的数据或者通过计算得到的数据。

（4）调用绘图函数绘制图形。比如，plot(x,y) 函数可以绘制折线图，其中，x 为数据点的 x 轴坐标序列，y 为数据点的 y 轴坐标序列，还可以同时设置坐标轴刻度、线条样

式、颜色等图形参数，也可以直接使用默认值。matplotlib. pyplot 子模块绘制基础图形的
函数及其说明如表 8 - 2 所示。

表 8 - 2　matplotlib. pyplot 子模块绘制基础图形的函数及其说明

函数	说明
plt. plot(x,y,linestyle,color,**kwargs)	绘制折线图
plt. scatter(x,y,s,c)	绘制散点图
plt. hist(x,bins,normed)	绘制直方图
plt. pie(x,labels,explode)	绘制饼图
plt. polar(theta,r)	绘制极坐标图
plt. boxplot(data,notch,position)	绘制箱线图
plt. bar(left,width,bottom)	绘制条形图
plt. barh(bottom,width,height,left)	绘制横向条形图
plt. step(x,y,where)	绘制步阶图
plt. specgram(x,NFFT=256,pad_to,F)	绘制频谱图
plt. stem(x,y,linefmt,markerfmt,basefmt)	绘制曲线每个点到水平轴线的垂线

（5）设置坐标轴的大小、刻度、上下限，也可以直接使用默认值。

（6）添加图形注释，包括图像名称、坐标名称、图例、文字说明等，也可以采用默认
设置。

（7）使用"plt. show()"显示图形。

下面的代码使用 matplotlib 绘制简单折线图，运行结果如图 8 - 2 所示。

```
In [2]: import numpy as np
    …: import matplotlib. pyplot as plt
    …: plt. rcParams['font. family'] = 'Microsoft YaHei'
                                                    # 设置默认字体
    …: plt. rcParams['font. size'] = 16             # 设置字体大小
    …: fig = plt. figure(figsize = (8,10))           # 创建画布
    …: # 准备数据
    …: x = range(0,50)
    …: y = np. random. randint(0,100,size = 50)      # 在 0~100 之间产生 50 个随机整数
    …: # 选择图像类型
    …: plt. plot(x,y)
    …: # 设置辅助参数
    …: plt. title("折线图")                           # 标题
    …: plt. savefig("pwx. png")                      # 保存图像
    …: plt. show()
```

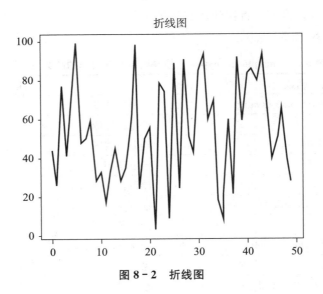

图 8-2　折线图

8.1.1　创建画布

画布是一个 figure 对象，使用 figure 函数创建。figure 对象表示一个新的绘图区域，并作为当前的绘图对象。figure 函数的语法格式如下：

plt. figure(num＝None,figsize＝None,dpi＝None,facecolor＝None,edgecolor＝None,clear＝False)

参数说明如下：

● num：figure 对象的编号，可选参数，默认由系统自动分配，如果当前 num 的 figure 对象已经存在，那么激活该 figure 对象并引用，否则生成一个新的 figure 对象。

● figsize：设置画布的尺寸，以英寸为单位，默认值为（6.4,4.8）。

● dpi：设置图像分辨率，默认值为 100。

● facecolor：设置画布背景颜色。

● edgecolor：设置画布边线颜色。

● clear：如果 num 代表的 figure 画布已经存在，该参数设置是否要将该画布清空。

例如，创建一个尺寸为 4×3 的画布，分辨率为 100，背景色为灰色，边框线为黑色。示例代码如下：

```
In [3] : import matplotlib. pyplot as plt
   … : plt. figure(figsize = (4,3),dpi = 100,facecolor = 'gray',edgecolor = 'white')
                    # 创建画布
   … : plt. plot()
   … : plt. show()
```

上述代码运行后，显示的画布效果如图 8-3 所示。

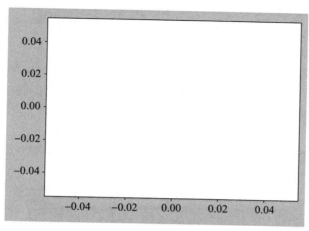

图 8-3　创建的画布

8.1.2　添加画布内容

为了增加绘制图形的可读性，可以设置画布的一些属性，如标题、坐标轴标签、坐标轴名称、网格线、图例等，还可以设置坐标轴的取值、坐标轴刻度等。需要注意的是，设置属性和绘制图形是没有先后顺序的，唯独添加图例（plt. legend()）必须在绘制图形之后。pyplot 子模块在画布中设置属性的常用函数及其说明如表 8-3 所示。

表 8-3　pyplot 子模块在画布中设置属性的常用函数及其说明

函数	说明
plt. title()	设置标题，可以指定标题名称、位置、颜色、字体大小等参数
plt. grid()	设置网格线，可以设置网格线的颜色、样式、粗细等
plt. text(x,y,s,fontdic)	在坐标（x,y）处添加文本注释
plt. legend(array,loc)	添加图形图例
plt. xlabel()	设置当前 x 轴的标签，可以指定位置、颜色、字体等参数
plt. ylabel()	设置当前 y 轴的标签，可以指定位置、颜色、字体等参数
plt. xlim(xmin,xmax)	设置当前 x 轴的取值范围
plt. ylim(ymin,ymax)	设置当前 y 轴的取值范围
plt. xtick(ticks,labels)	设置当前 x 轴刻度位置的标签和取值
plt. ytick(ticks,labels)	设置当前 y 轴刻度位置的标签和取值
plt. xscale()	设置 x 轴缩放
plt. yscale()	设置 y 轴缩放
plt. autoscale()	轴视图自动缩放

表8-3的属性设置函数中均可以使用 loc 参数来指定位置，使用 color 参数指定颜色，使用 fontsize 参数指定字体大小。

plt. grid() 函数常用参数的说明如下：

● b：是否显示网格线，可取值为布尔值，可选参数。

● which：设置网格线显示的尺度，可选参数，可取值有'major' 'minor' 'both'，其中，'major' 为主刻度，'minor'为次刻度，默认为'both'，即主刻度和次刻度均显示。

● axis：设置网格线显示的轴，可选参数，可取值有'both' 'x' 'y'，默认为'both'，表示 x 轴和 y 轴均显示。

● linestyle：设置网格线的样式，可取的样式有'-' '--' '-.' ':'，默认为'-'。

● linewidth：设置网格线的宽度。

添加图例所用的 plt. legend() 函数中的 loc 参数有以下几种取值：

0：'best'   6：'center left'
1：'upper right'   7：'center right'
2：'upper left'   8：'lower center'
3：'lower left'   9：'upper center'
4：'lower right'   10：'center'
5：'right'

例如，绘制身高与年龄对照和身高与体重对照的曲线图形，并设置图形的属性。示例代码如下：

```
In [4] : import matplotlib. pyplot as plt
    … : plt. figure()
    … : age = [1,2,3,4,5,6,7,8,9,10]
    … : height = [75.0,87.2,95.6,103.1,110.2,116.6,122.5,128.5,134.1,140.1]
    … : weight = [10.05,12.54,14.65,16.64,18.98,21.26,24.06,16.64,27.33,30.46]
    … : plt. title("年龄身高对照图",loc = "center",fontsize = 16)
    … : plt. xlim(0,12)
    … : plt. ylim(0,160)
    … : plt. xticks([1,2,3,4,5,6,7,8,9,10,11,12],fontsize = 14)
    … : plt. yticks([20,40,60,80,100,120,140,160],fontsize = 14)
    … : plt. xlabel("年龄(岁)",fontsize = 14)
    … : plt. ylabel("身高(cm)/体重(kg)",fontsize = 14)
    … : plt. grid(which = 'major')
    … : plt. plot(age,height)
    … : plt. plot(age,weight)
    … : plt. legend(["age-height",'age-weight'],fontsize = 12,loc = 'upper left')
    … : plt. show()
```

运行结果如图 8-4 所示。

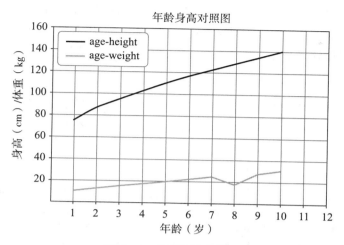

图 8-4　身高体重曲线图

8.1.3　添加子图

在 matplotlib 中，可以将画布划分成多个部分，在不同的部分添加子图。也就是说，可以将 figure 对象的整个绘图区域划分为若干个子绘图区域，每个子绘图区域中都包含一个子图 axes 对象，每个子图 axes 对象都有独立的坐标系。

matplotlib 中创建子图的相关函数及其说明见表 8-4。

表 8-4　创建子图的相关函数及其说明

函数	说明
figure. add_subplot(nrows,ncols,plotnum)	在全局绘图区域中创建并选中一个子图对象 nrows：绘图区域中子图的行数 ncols：绘图区域中子图的列数 plotnum：当前子图的编号
plt. subplot(nrows,ncols,plotnum)	与 figure. add_subplot 类似，但使用 plt. subplot 函数会删除画板上已有的图
plt. subplots(nrows,ncols)	划分画布，创建一组子图，将整个绘图区域划分成 nrows 行、ncols 列个子绘图区域
plt. subplots_adjust(wspace=0,hspace=0)	调整子图之间的间距 wspace：设置子图之间空间的宽度 hspace：设置子图之间空间的高度

使用 figure. add_subplot，plt. subplot，plt. subplots 函数创建子图时都会将全局绘图区域划分成 nrows 行、ncols 列个子绘图区域，不同的是，figure. add _ subplot 和 plt. subplot 函数一次只添加一个子图，而 plt. subplots 函数会同时创建多个子图。

将全局绘图区域划分成 nrows 行、ncols 列个子绘图区域后，会按照从左到右、从上至下的顺序对每个子绘图区域进行编号，左上的子绘图区域编号为 1，plotnum 参数指定创建的子图 axes 对象所在区域的编号。例如，figure. add_subplot(2,3,4) 或 plt. subplot(2,3,4) 可以将整个绘图区域划分成 2 行 3 列共 6 个子绘图区域，4 代表其中的 4 号区域，如图 8 - 5 所示。

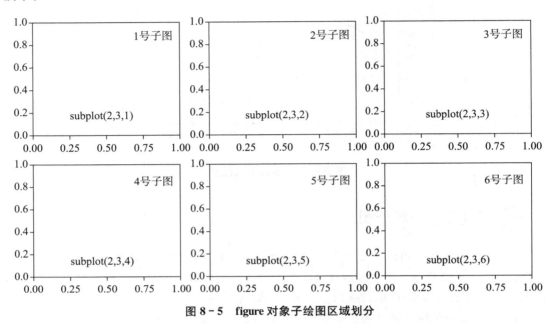

图 8 - 5　figure 对象子绘图区域划分

figure. add_subplot(2,3,4) 和 plt. subplot(2,3,4) 也可以分别写成 figure. add_subplot(234) 和 plt. subplot(234)。

若要在子绘图区域绘图和添加图例、标题、坐标轴标签以及设置取值范围等，可以使用的相关函数及其说明见表 8 - 5。

表 8 - 5　pyplot 子模块绘制图形常用的属性设置函数及其说明

函数	说明
axes. plot	在当前子绘图区域绘制折线图
axes. legend	在当前子图添加图形图例
axes. set_title	在当前子图添加图形标题
axes. set_xlabel	设置当前子图的 x 轴标签
axes. set_ylabel	设置当前子图的 y 轴标签
axes. set_xlim	设置当前子图 x 轴的取值范围
axes. set_ylim	设置当前子图 y 轴的取值范围
axes. set_xticks	设置当前子图 x 轴刻度位置的标签和取值
axes. set_yticks	设置当前子图 y 轴刻度位置的标签和取值

例如在同一张画布上，创建 2 行 2 列的子绘图区域，分别绘制 $\sin x$、$\cos x$、$\sin 5x$、$\cos 5x$ 在 $[0, 2\pi]$ 区间上的图形。

方法一：使用 figure.add_subplot 函数。示例代码如下：

```
In [5] : import matplotlib.pyplot as plt
    ... : import numpy as np
    ... : x = np.linspace(0, 2*np.pi, 100)
    ... : y1 = np.sin(x)
    ... : y2 = np.cos(x)
    ... : y3 = np.sin(5*x)
    ... : y4 = np.cos(5*x)
    ... : fig = plt.figure(figsize = (8,6))
    ... : ax1 = fig.add_subplot(2,2,1)
    ... : ax1.set_title('sinx')          # 设置子图标题
    ... : ax1.plot(x, y1)
    ... : ax2 = fig.add_subplot(2,2,2)
    ... : ax2.set_title('cosx')          # 设置子图标题
    ... : ax2.plot(x, y2)
    ... : ax3 = fig.add_subplot(2,2,3)
    ... : ax3.set_title('sin5x')         # 设置子图标题
    ... : ax3.plot(x, y3)
    ... : ax4 = fig.add_subplot(2,2,4)
    ... : ax4.set_title('cos5x')         # 设置子图标题
    ... : ax4.plot(x, y4)
    ... : plt.show()
```

方法二：使用 plt.subplot 函数。示例代码如下：

```
In [6] : import matplotlib.pyplot as plt
    ... : import numpy as np
    ... : x = np.linspace(0, 2*np.pi, 100)
    ... : y1 = np.sin(x)
    ... : y2 = np.cos(x)
    ... : y3 = np.sin(5*x)
    ... : y4 = np.cos(5*x)
    ... : fig = plt.figure(figsize = (8,6))
    ... : ax1 = plt.subplot(2,2,1)
    ... : ax1.set_title('sinx')          # 设置子图标题
```

```
…: ax1.plot(x,y1)
…: ax2 = plt.subplot(2,2,2)
…: ax2.set_title('cosx')                # 设置子图标题
…: ax2.plot(x,y2)
…: ax3 = plt.subplot(2,2,3)
…: ax3.set_title('sin5x')               # 设置子图标题
…: ax3.plot(x,y3)
…: ax4 = plt.subplot(2,2,4)
…: ax4.set_title('cos5x')               # 设置子图标题
…: ax4.plot(x,y4)
…: plt.show()
```

方法一和方法二的运行结果一样，如图 8-6 所示。

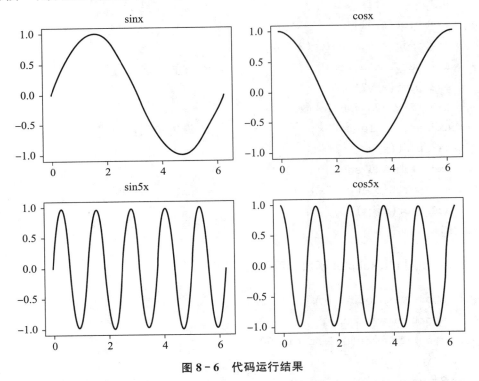

图 8-6　代码运行结果

若使用 plt.subplots 函数划分画布并创建一组子图，可以使用语句"fig,axes = plt.subplots(2,3)"，返回包含已生成子图 axes 对象的 numpy 数组。数组 axes 类似于二维数组进行索引，如 axes[1,2]。

例如在同一张画布上，创建 2 行 3 列的子绘图区域，分别绘制 x、x^2、x^3、x^4、x^5、x^6 在 [-2,2] 区间上的图形。示例代码如下：

```
In [7] : import matplotlib. pyplot as plt
    … : import numpy as np
    … : fig, axes = plt. subplots(2, 3, figsize = (8, 6))
    … : x = np. arange( - 2, 2, 0. 01)
    … : n = 1                              # n 表示子图编号
    … : for i in range(2):
    … :     for j in range(3):
    … :         axes[i, j]. plot(x, np. power(x, n))
    … :         titletext = 'x^' + str(n)      # 子图标题文本
    … :         axes[i, j]. set_title(titletext)   # 设置子图标题
    … :         n = n + 1
    … : plt. subplots_adjust(wspace = 0. 3, hspace = 0. 3)
```

代码运行结果如图 8 - 7 所示。

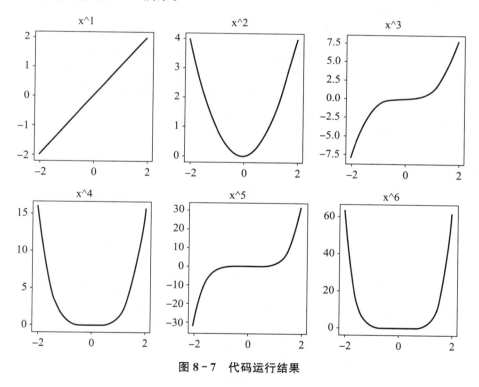

图 8 - 7　代码运行结果

✎ 8.1.4　添加注释

使用 annotate(text, xy, xytext, arrowprops) 接口可以在图中增加注释说明，其中：
● text：备注的文字。

- xy：点的坐标。
- xytext：备注文字的坐标（默认为 xy 的位置）。
- arrowprops：在 xy 和 xytext 之间绘制一个箭头。

示例代码如下：

```
In [8] : import numpy as np
    ... : import matplotlib. pyplot as plt
    ... : #显示中文
    ... : plt. rcParams['font. sans-serif'] = ['SimHei']
    ... : plt. rcParams['axes. unicode_minus'] = False
    ... : x = np. arange( -10,11,1)
    ... : y = x*x
    ... : plt. title('抛物线')
    ... : plt. plot(x,y)
    ... : # 添加注释
    ... : plt. annotate('这是顶点',              # 备注的文字
    ... :                 xy = (0,20),           # 点的坐标
    ... :                 xytext = (2. 5,40),    # 备注文字的开始坐标
    ... :                 arrowprops = {'headwidth':6,   # 箭头的大小
    ... :                             'facecolor':'g'})   # 箭头的颜色
    ... : plt. show()
```

具体实现效果如图 8-8 所示。

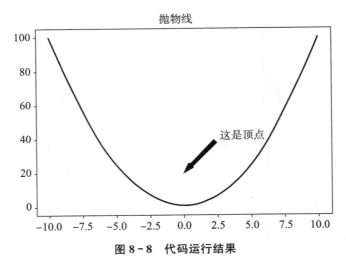

图 8-8 代码运行结果

8.1.5　图形的保存

使用 matplotlib 库绘制的图形可以保存到本地。通常使用 plt. savefig 函数保存绘制的图形,同时可以设置图形的分辨率、边缘的颜色等参数,其语法格式如下:

$$savefig(filename,dpi,facecolor,edgecolor,format)$$

参数说明如下:

- filename:保存的文件名或文件路径的字符串,文件的扩展名可以是 png、pdf 等。
- dpi:图像分辨率,默认为 100。
- facecolor、edgecolor:子图之外的图形背景和边框颜色,默认为白色。
- format:图形输出格式,支持的格式有 pdf、png、jpeg、jpg、svg、svgz、tif、tiff 等。

如将图 8-7 以文件名"x 的 n 次幂对比图"、分辨率为 200、背景色为灰色保存到本地,示例代码如下:

```
plt. savefig('x 的 n 次幂对比图 . png', dpi = 200, facecolor = 'gray')
```

8.2　设置动态参数

在 pyplot 模块中,可以使用 rc 配置文件来自定义图形的各种属性,主要包括线条宽度、颜色、样式,以及坐标值标记的形状、大小等,称为 rc 配置或 rc 参数(rcParams)。rc 参数设置不分先后顺序。

线条和坐标值标记常用的 rc 参数、作用与取值如表 8-6 所示。

表 8-6　线条和坐标值标记常用的 rc 参数、作用与取值

参数	作用	取值
linestyle	设置线条样式	"-""--""-."":" 4 种,默认为 "-"
linewidth	设置线条宽度	数值型数据,默认为 1.5
color	设置线条或数据点的颜色	颜色的英文名称、英文简称或 RGB 色
marker	设置坐标值标记形状	"o""."."*" 等 20 种,默认为 None
markersize	设置标记的大小	数值型数据,默认为 1
markeredgewidth	设置标记边缘的宽度	数值型数据,默认为 1.5
markeredgecolor	设置标记边缘的颜色	颜色的英文名称、英文简称或 RGB 色
markerfacecolor	设置标记内部的颜色	颜色的英文名称、英文简称或 RGB 色

线条样式参数 linestyle 的 4 种取值及其含义如表 8-7 所示。

表 8-7　线条样式参数 linestyle 的取值及其含义

取值	含义	取值	含义
"-"或"solid"	实线	"-."或"dashdot"	点划线
"--"或"dashed"	虚线	":"或"dotted"	虚线

坐标值标记形状参数 marker 通常用于直线和曲线图函数 plot、散点图函数 scatter 和误差图函数 errorbar。matplotlib.pyplot 提供了多达 40 个 marker 的样式供选择，常用的取值及其说明如表 8-8 所示。

表 8-8　参数 marker 的取值及其说明

取值	说明	取值	说明
"o"	圆圈	"H"或"h"	六边形
"."	圆点	"∨"	倒三角
"*"	星号	"∧"	正三角
"+"	加号	"<"	左三角
"x"	X	">"	右三角
"_"	水平线	"D"或"d"	菱形
"|"	竖线	"p"	五边行
"s"	正方形		

具体的各个效果类型如图 8-9 所示。

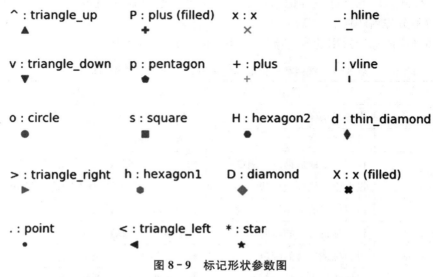

图 8-9　标记形状参数图

颜色参数 color 常用的取值及其说明如表 8-9 所示。

表 8-9　颜色参数 color 的取值及其说明

取值	说明	取值	说明
"b"或"blue"	蓝色	"m"或"magenta"	品红
"g"或"green"	绿色	"y"或"yellow"	黄色
"r"或"red"	红色	"k"或"black"	黑色
"c"或"cyan"	蓝绿色	"w"或"white"	白色

除了设置线条、坐标值标记外，还可以设置文本、坐标轴标签、图例，以及图片、图像保存等 rc 参数。

设置 rc 参数主要用以下三种方法。

方法一：使用 rcParams 设置。示例代码如下：

```
plt.rcParams['lines.linestyle'] = '-.'
plt.rcParams['lines.color'] = 'g'
plt.rcParams['lines.marker'] = 'D'
```

方法二：在绘图函数内设置。示例代码如下：

```
plt.plot(x,y,color = 'red',linestyle = '--',linewidth = 2,marker = '*',markersize = 10)
```

方法三：在绘图函数内简化设置，将取值为符号型的参数放在一个字符串内，不分先后顺序，数值型的参数分别单独设置。示例代码如下：

```
plt.plot(x,y,'r*--',linewidth = 2,markersize = 15)
```

例如，使用 pyplot 绘制三叶曲线方程 $x = \sin 3t \cos t$，$y = \sin 3t \sin t$ 在 $[0,\pi]$ 区间上的图形，分别使用上述三种方法设置线条和坐标值标记：虚线（--），宽度为 2，坐标值标记为星号（*），大小为 15。

方法一：使用 rcParams 设置。示例代码如下：

```
In [1] : import matplotlib.pyplot as plt
    … : import numpy as np
    … : # 定义数据
    … : t = np.arange(0,np.pi,0.1)
    … : x = np.sin(3*t)*np.cos(t)
    … : y = np.sin(3*t)*np.sin(t)
    … : # 设置线条和坐标值标记
    … : plt.rcParams['lines.linestyle'] = '--'
    … : plt.rcParams['lines.linewidth'] = 2
```

```
… : plt. rcParams['lines. marker'] = '*'
… : plt. rcParams['lines. markersize'] = '15'
… : plt. plot(x, y)
… : plt. show()
```

方法二：在绘图函数内设置。示例代码如下：

```
In [2] : import matplotlib. pyplot as plt
    … : import numpy as np
    … : # 定义数据
    … : t = np. arange(0, np. pi, 0. 1)
    … : x = np. sin(3*t)*np. cos(t)
    … : y = np. sin(3*t)*np. sin(t)
    … : # 绘图, 并设置 rc 参数
    … : plt. plot(x, y, linewidth = 2, linestyle = '--', markersize = 15, marker = '*')
    … : plt. show()
```

方法三：在绘图函数内简化设置。示例代码如下：

```
In [3] : import matplotlib. pyplot as plt
    … : import numpy as np
    … : t = np. arange(0, np. pi, 0. 1)
    … : x = np. sin(3*t)*np. cos(t)
    … : y = np. sin(3*t)*np. sin(t)
    … : # 绘图, 并设置 rc 参数
    … : plt. plot(x, y, '*--', linewidth = 2, markersize = 15)
    … : plt. show()
```

三种方法的绘图结果相同，如图 8-10 所示。

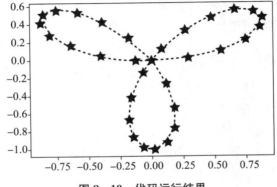

图 8-10　代码运行结果

8.3 常用图形的绘制

在数据可视化中，常用的图形有折线图、条形图、直方图、散点图、饼图、箱线图等。

8.3.1 折线图

折线图（line chart）是利用直线将数据点按照顺序连接起来所形成的图形，它以折线的上升或下降来表示数量的增减变化，能够显示数据的变化趋势，反映事物的变化情况。通过折线图可以查看因变量 y 随自变量 x 变化的趋势。

使用 plt.plot 函数绘制折线图和各种数学函数图形，其常用参数见表 8-10。

表 8-10　plt.plot 函数的常用参数

参数名称	作用	取值
x, y	x 轴和 y 轴对应的数据	接收列表类型数据
linestyle	线条样式	取值见表 8-7
linewidth	线条宽度	数值型数据，默认为 1.5
color	线条颜色	常用颜色取值见表 8-9
marker	坐标值标记形状	取值见表 8-8
markersize	设置标记大小	数值型数据，默认为 1
markeredgewidth	设置标记边缘的宽度	数值型数据，默认为 1.5
markeredgecolor	设置标记边缘的颜色	常用颜色取值见表 8-9
markerfacecolor	设置标记内部的颜色	常用颜色取值见表 8-9
alpha	设置标记的透明度	0～1 的浮点数

例如，表 8-11 是 A、B 两地 1—12 月的降雨量，请根据数据绘制降雨量对比折线图。

表 8-11　A、B 两地 1—12 月的降雨量　　　　　　　　　　　　　单位：毫米

地区	月份											
	1	2	3	4	5	6	7	8	9	10	11	12
A	9.6	2.9	32.8	13	30.6	66.1	57.7	34.1	32.9	30.8	2.6	2.9
B	51.7	72.2	95.8	81.5	29.9	99	77.7	114.2	16.9	90.5	46	17.9

示例代码如下：

```
In [1] : import matplotlib. pyplot as plt
    ... : import numpy as np
    ... : plt. figure(figsize = (8,5))
    ... : x = np. arange(1,13,1)
    ... : yA = [9.6,2.9,32.8,13,30.6,66.1,57.7,34.1,32.9,30.8,2.6,2.9]
    ... : yB = [51.7,72.2,95.8,81.5,29.9,99,77.7,114.2,16.9,90.5,46,17.9]
    ... : plt. plot(x, yA,'r-.o', markersize = 10)      # 绘制折线图
    ... : plt. plot(x, yB,'b-*', markersize = 10)       # 绘制折线图
    ... : plt. title("A、B 两地降雨量对比折线图")
    ... : plt. xticks([1,2,3,4,5,6,7,8,9,10,11,12])
    ... : plt. xlabel("月份")
    ... : plt. ylabel("降雨量(毫米)")
    ... : plt. legend(['A 地','B 地'], loc = 'upper right')
    ... : plt. show()
```

代码运行结果如图 8-11 所示。

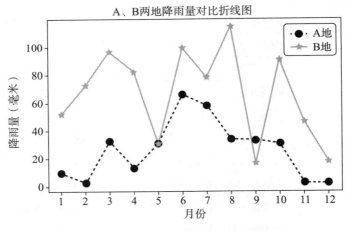

图 8-11　代码运行结果（折线图）

8.3.2　条形图

条形图（bar chart）也称柱状图，是一种以长方形的长度为变量的统计图。根据条形图中长方形的长度，能够一眼看出各个数据的大小，比较数据之间的差别。条形图通常用于较小的数据集的分析。按照排列方式的不同，条形图可分为纵式条形图和横式条形图。

matplotlib. pyplot 子模块使用 plt. bar 函数绘制纵向条形图，其常用参数如表 8-12 所示。

表 8 - 12 plt.bar 函数常用参数

参数名称	作用	取值
x	x 轴坐标	接收列表类型数据
height	条形高度	数值型数据
width	条形宽度	0~1 的浮点数,默认为 0.8
bottom	条形的起始位置	也是 y 轴的起始坐标
align	条形的中心位置	可为 "center" 或 "edge"(边缘)
color	条形的颜色	常用颜色取值见表 8 - 9
edgecolor	边框的颜色	常用颜色取值见表 8 - 9
tick_label	下标的标签	元组或列表类型的字符组合
orientation	设置条形方向	竖直为 "vertical",水平为 "horizontal",默认为竖直

使用 plt.bar 函数绘制的条形图默认是竖直的,可以设置 orientation = "horizontal",并将 width 与 height 参数的数据交换,再添加 bottom = x 绘制水平方向的条形图,也可以使用 plt.barh 函数绘制水平方向的条形图。

例如,表 8 - 13 是 A~G 7 个店铺某商品的目标销售额和实际销售额数据,请根据表中数据绘制目标销售额和实际销售额的对比条形图。

表 8 - 13 A~G 7 个店铺某商品的目标销售额和实际销售额   单位:万元

	A 店铺	B 店铺	C 店铺	D 店铺	E 店铺	F 店铺	G 店铺
目标销售额	40	38	50	30	40	30	53
实际销售额	36	42	48	32	36	31	58

示例代码如下:

```
In [2]: import matplotlib.pyplot as plt
   …: import numpy as np
   …: x = np.arange(1,8,1)
   …: target = [40,38,50,30,40,30,53]
   …: asales = [36,42,48,32,36,31,58]
   …: shopname = ['A 店铺','B 店铺','C 店铺','D 店铺','E 店铺','F 店铺','G 店铺']
   …: plt.figure()
   …: bar_width = 0.3                                          # 条形宽度
   …: plt.bar(x,height = target,width = bar_width,color = 'r')  # 绘制条形图
   …: plt.bar(x + 0.35,height = asales,width = bar_width,color = 'y')
   …: plt.title('各店铺目标销售额与实际销售额的对比条形图')
   …: plt.xlabel('店铺')
   …: plt.ylabel('销售额(万元)')
```

```
... : plt.xticks(np.arange(1,8,1),shopname)
... : plt.yticks(np.arange(10,90,10))
... : plt.ylim(0,80)
... : plt.legend(['目标销售额','实际销售额'])
... : plt.show()
```

代码运行结果如图 8-12 所示。

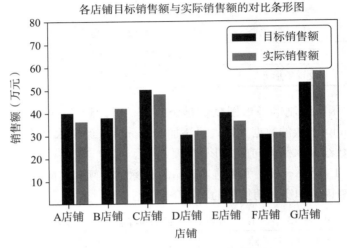

图 8-12　代码运行结果（条形图）

8.3.3　直方图

直方图（histogram）也称质量分布图，其形状与条形图类似，是用一系列高度不等的纵向条纹或线段表示数据分布情况的统计图。直方图的两个坐标分别是统计样本和该样本对应的某个属性的度量，一般用横轴表示数据范围，纵轴表示分布情况。例如统计成绩不同分数段的人数分布情况，横轴表示分数的数据范围，纵轴表示人数分布情况。

matplotlib.pyplot 子模块使用 plt.hist 函数绘制纵向直方图，其常用参数如表 8-14 所示。

表 8-14　plt.hist 函数的常用参数

参数名称	作用	取值
x	绘图数据	接收列表类型数据
bins	直方图的柱数	整数、列表或一维数组等，默认为 10。若设置为整数，则根据绘图数据自动划分；若设置为列表或一维数组，则根据其中的数据划分
facecolor	直方图的颜色	常用颜色取值见表 8-9
edgecolor	直方图边框的颜色	常用颜色取值见表 8-9
histtype	直方图的类型	'bar' 'barstacked' 'step' 'stepfilled'

续表

参数名称	作用	取值
rwidth	条形宽度	浮点数
alpha	透明度	0~1 的浮点数

例如，下面是某课程 36 名学生的考试分数，请根据考试分数绘制各分数段人数分布直方图。

78，70，55，88，68，73，81，91，96，79，78，67，69，82，86，67，95，64，
84，85，76，58，75，69，86，90，98，78，85，77，90，76，75，85，63，79

示例代码如下：

```
In [3] : import matplotlib. mlab as mlab
    … : import numpy as np
    … : import matplotlib. pyplot as plt
    … : partition = [0,10,20,30,40,50,60,70,80,90,100]    ♯ 划分成绩段
    … : scores = [78,70,55,88,68,73,81,91,96,79,78,67,69,82,86,67,95,64,84,
              85,76,58,75,69,86,90,98,78,85,77,90,76,75,85,63,79]
    … : plt. hist(scores,bins = partition,facecolor = 'yellow',edgecolor = 'b')
                                                          ♯ 绘制直方图
    … : plt. title('各分数段人数分布直方图')
    … : plt. xticks(np. arange(0,120,10))
    … : plt. xlabel('分数')
    … : plt. ylabel('人数')
    … : plt. show()
```

代码运行结果如图 8-13 所示。

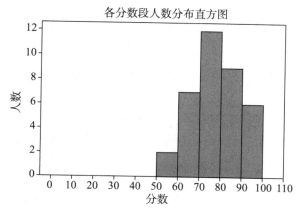

图 8-13　代码运行结果（直方图）

8.3.4 散点图

散点图（scatter diagram）也称散点分布图，主要使用两组数据构成多个坐标点，通过坐标点的分布形态来反映两组数据之间的关系，判断两变量之间是否存在某种关联或总结坐标点的分布模式，展示离群点（异常点）。数据量越大，越能体现出数据之间的关系。

matplotlib. pyplot 子模块使用 plt. scatter 函数绘制散点图，其常用参数如表 8 - 15 所示。

表 8 - 15　plt. scatter 函数的常用参数

参数名称	作用	取值
x, y	x 轴和 y 轴对应的数据	接收列表类型数据
s	设置点的大小	整数、列表或一维数组等，默认为 10。若设置为整数，则表示所有点的大小；若传入列表或一维数组，则表示每个点的大小
color	设置点的颜色	颜色取值（见表 8 - 9）可以是列表或一维数组等。若设置为一个颜色，则表示所有点颜色相同；若传入列表或一维数组，则表示每个点的颜色
marker	设置点的形状	取值见表 8 - 8
alpha	设置点的透明度	0~1 的浮点数

例如，生成 500 个服从均值为 100、标准差为 30 的正态分布的随机点的坐标，并根据点的坐标数据绘制散点图。示例代码如下：

```
In [4] : import matplotlib. pyplot as plt
   … : import numpy as np
   … : plt. figure(figsize = (8,6),dpi = 100)
   … : # 数据准备
   … : mu = 100                                    # 均值
   … : sigma = 30                                  # 标准差
   … : x = mu + sigma*(np. random. randn(500))     # 生成服从均值为 mu、标准差为
                                                     sigma 的正态分布的随机数
   … : y = mu + sigma*(np. random. randn(500))
   … : plt. scatter(x,y,color = 'r',marker = 'o',s = 80,alpha = 0.4)
                                                    # 绘制散点图
   … : plt. grid()
   … : plt. show()
```

代码运行结果如图 8 - 14 所示。

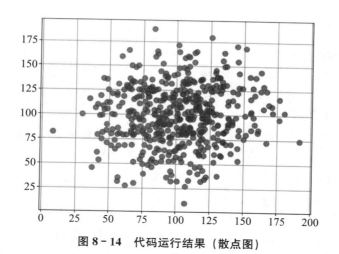

图 8 - 14 代码运行结果（散点图）

8.3.5 饼图

饼图（pie graph）也称为圆饼图，使用整个圆饼代表数据的总量，圆饼中的每块扇形饼代表该分类的占比。饼图可以表示不同类别的占比情况，直观地反映出部分与部分、部分与整体之间的比例关系。

matplotlib.pyplot 子模块使用 plt.pie 函数绘制饼图，其常用参数见表 8 - 16。

表 8 - 16 plt.pie 函数的常用参数

参数名称	作用	取值
x	用于绘制饼图的数据	接收列表类型数据
explode	设置饼图每个扇形与圆心的距离	浮点数，默认为 1
labels	指定饼图外侧显示的文字	接收列表类型数据
radius	设置饼图半径	浮点数
pctdistance	设置百分比标签与圆心的距离，为圆半径的倍数	浮点数，默认为 0.6
textprops	设置饼图中文本的属性	
autopct	自动添加百分比显示	格式化方法显示百分比，如 "%.2f%%"，保留两位小数
labeldistance	设置每项的名称与圆心的距离，为圆半径的倍数	浮点数

例如，表 8 - 17 是某医院 12 月份各科室门诊每日 10:00 实时流量监测数据的总和。请根据表中数据绘制每个科室人流量占比的饼图。

表 8 - 17 某医院 12 月份各科室门诊每日 10:00 实时流量监测数据的总和

科室	内科	儿科	保健科	外科	妇科	急诊科	其他
人数	3 112	2 952	1 644	1 931	1 468	1 420	3 431

示例代码如下：

```
In [5] : import numpy as np
    ... : import matplotlib. pyplot as plt
    ... : fig = plt. figure(figsize = (8,6))
    ... : data = [3112,2952,1644,1931,1468,1420,3431]     ♯ 绘图数据
    ... : labels = ['内科','儿科','保健科','外科','妇科','急诊科','其他']
    ... : epd = (0.2,0.05,0.05,0.05,0.05,0.05,0.05)
    ... : plt. pie(x = data, labels = labels,
    ... :         explode = epd, radius = 1.5,
    ... :         autopct = '%.2f %%',
    ... :         textprops = {'fontsize': 16,'color':'black'})
    ... : plt. legend(loc = 'right',bbox_to_anchor = (1.6,0.2))
                              ♯ bbox_to_anchor 参数用于调整图例框的位置
    ... : plt. title('12 月份各科室门诊每日 10:00 实时流量',
    ... :         pad = 100,        ♯ pad 参数用于设置标题和图片之间的距离
    ... :         fontsize = 20)
```

代码运行结果如图 8-15 所示。

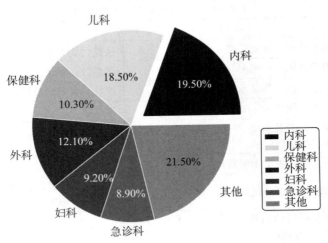

图 8-15 代码运行结果（饼图）

8.3.6 箱线图

箱线图（box plot）也称为盒须图、盒式图或箱形图，用来显示一组数据的分布特征，能直观展现数据分散程度的差异。箱线图使用一组数据的上边界数、下边界数、中位数、

上下四分位数以及离群点（异常值）来绘制，这里的上下边界数是除了异常值外的最大值和最小值。绘图时，连接两个四分位数画出箱子，再将最大值和最小值与箱子连接，中位数在箱子中间。箱线图可以检测这组数据是否存在异常值，异常值显示在上边界和下边界的范围之外。箱线图的各组成部分及其含义如图 8 - 16 所示。

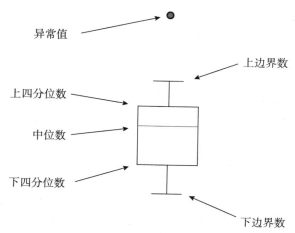

图 8 - 16 箱线图的各组成部分及其含义

matplotlib.pyplot 子模块使用 plt.boxplot 函数绘制箱线图，其常用参数如表 8 - 18 所示。

表 8 - 18 plt.boxplot 函数的常用参数

参数名称	作用	取值
x	用于绘制箱线图的数据	接收列表类型数据
notch	是否以凹口的形式展现箱线图	True、False，默认为 False
sym	设置异常点的形状	取值见表 8 - 8
vert	是否以垂直方向放置箱线图	True、False，默认为 True
positions	设置各组数据的箱线在 x 轴的位置	接收列表类型数据
widths	设置箱线图的宽度	浮点数，默认为 0.5
labels	指定每个箱线图的标签	接收列表类型数据
meanline	是否显示均值线	True、False，默认为 False
flierprops	设置异常点的属性，如大小、颜色等	
boxprops	设置箱体的属性，如边框色、填充色等	

例如，表 8 - 19 是 A～E 五个地区 1—12 月的降雨量，请根据数据绘制降雨量的箱线图。

表 8 - 19 A～E 五个地区 1—12 月的降雨量 单位：毫米

地区	月份											
	1	2	3	4	5	6	7	8	9	10	11	12
A	9.6	2.9	32.8	13	30.6	66.1	57.7	34.1	32.9	30.8	2.6	2.9
B	51.7	72.2	95.8	81.5	29.9	99	77.7	114.2	16.9	90.5	46	17.9

续表

地区	月份											
	1	2	3	4	5	6	7	8	9	10	11	12
C	80.1	99.4	132.8	190	280	116.1	5.3	39.4	81.3	20.9	27.7	28.5
D	33.1	7.6	65.1	59.7	189	329.8	61	189	151.6	4.1	10.2	28.2
E	30.6	4.8	38.8	34.9	149.4	98	248.2	234.4	3.1	29.5	8.4	21.5

示例代码如下：

```
In [6]: import matplotlib.pyplot as plt
    ...: import numpy as np
    ...: import pandas as pd
    ...: plt.figure(figsize=(8,6))
    ...: data = [[9.6,2.9,32.8,13,30.6,66.1,57.7,34.1,32.9,30.8,2.6,2.9],
            [51.7,72.2,95.8,81.5,29.9,99,77.7,114.2,16.9,90.5,46,17.9],
            [80.1,99.4,132.8,190,280,116.1,5.3,39.4,81.3,20.9,27.7,28.5],
            [33.1,7.6,65.1,59.7,189,329.8,61,189,151.6,4.1,10.2,28.2],
            [30.6,4.8,38.8,34.9,149.4,98,248.2,234.4,3.1,29.5,8.4,21.5]]
    ...: plt.boxplot(data,
    ...:              widths=0.5,
    ...:              flierprops={'markerfacecolor':'b','markersize':10})
    ...: plt.title('A～E 五个地区 1—12 月的降雨量箱线图',
    ...:              fontsize=20,
    ...:              pad=20)         # pad 参数用来设置标题和图片之间的距离
```

代码运行结果如图 8-17 所示。

A~E五个地区1—12月的降雨量箱线图

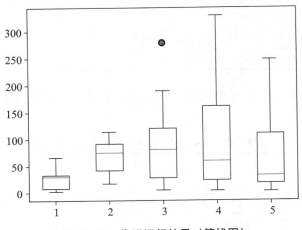

图 8-17   代码运行结果（箱线图）

练　习

　　根据第 7 章的练习数据结果，绘制"总分"成绩分布图，纵坐标表示成绩，横坐标表示学号或者姓名，画出总分的均值线，让每位同学的总分圆点分布在均值线上下，以便于观察每位同学的成绩与均值的差距。

第 9 章　正则表达式与格式化输出

正则表达式通常用来检索、替换那些匹配某个模式的文本，如查找和提取某个网页中所有的 Email 或者电话号码、网址等。

Python 中的正则表达式模块为 re，用"import re"导入，它是一种用来匹配字符串的强有力的工具。其设计思想是用一种描述性的语言给字符串定义一个规则，凡是符合规则的字符串，就认为它"匹配"上了，否则该字符串就不合规。

如在网上填表时，经常需要填写手机号码，只有输入正确的格式时才被接收，如第一位是 1，总共 11 位数字，这就是用正则表达式匹配数字。

9.1　元字符

在 Python 的正则模块里，"\d"可以匹配数字；"\w"既可以匹配字母，又可以匹配数字，如身份证的最后一位；"."可以匹配任意字符。

先来看如下匹配模式。

- '00\d'：可以匹配 '007'，但无法匹配 '00A'，也就是说 '00' 后面只能是数字。
- '\d\d\d'：可以匹配 '010'，只可匹配三位数字。
- '\w\w\d'：可以匹配 'py3'，前两位可以是数字或字母，但第三位只能是数字，如 a12、3a1、223，但不能匹配 y1w 或者 27f。
- 'py.'：可以匹配 'pyc' 'py2' 'py!' 等，最后一位可以是任意字符。

"."　"\w"　"\d"等有特殊用途、不代表其本身字符意义的符号称为元字符。利用元字符进行组合可以匹配各种字符串。常用的元字符及其匹配规则如表 9-1 所示。

表 9-1　常用元字符及其匹配规则

字符	匹配规则
\	将下一个字符标记为一个特殊字符、一个原义字符、一个向后引用或一个八进制转义符。例如，'n' 匹配字符"n"，'\n' 匹配一个换行符
^	匹配输入字符串的开始位置
$	匹配输入字符串的结束位置

续表

字符	匹配规则
*	匹配前面的子表达式零次或多次。例如，'zo*' 能匹配 "z" 以及 "zoo"，" * " 等价于 {0,}
+	匹配前面的子表达式一次或多次。例如，'zo+' 能匹配 "zo" 以及 "zoo"，但不能匹配 "z"，"+" 等价于 {1,}
?	匹配前面的子表达式零次或一次。例如，'do(es)?' 可以匹配 "do" 或 "does"，"?" 等价于 {0,1}
{n}	n 是一个非负整数，匹配确定的 n 次。例如，'o{2}' 不能匹配 "Bob" 中的 'o'，但是能匹配 "food" 中的两个 o
{n,}	n 是一个非负整数，至少匹配 n 次。例如，'o{2,}' 不能匹配 "Bob" 中的 'o'，但能匹配 "foooood" 中的所有 o；'o{1,}' 等价于 'o+'；'o{0,}' 则等价于 'o*'
{n,m}	m 和 n 均为非负整数，其中 n≤m，最少匹配 n 次且最多匹配 m 次
.	匹配除换行符 (\n、\r) 之外的任意单个字符，若匹配包括 '\n' 在内的任意字符，需使用类似 '(.|\n)' 的模式
x | y	匹配 x 或 y，例如，'z | food' 能匹配 "z" 或 "food"，'(z | f) ood' 则匹配 "zood" 或 "food"
[xyz]	字符集合，匹配所包含的任意一个字符，例如，'[abc]' 可以匹配 "plain" 中的 'a'
[^xyz]	负值字符集合，匹配未包含的任意字符，例如，'[^abc]' 可以匹配 "plain" 中的 'p' 'l' 'i' 'n'
[a-z]	字符范围，匹配指定范围内的任意字符，例如，'[a-z]' 可以匹配 'a' 到 'z' 范围内的任意小写字母字符
[^a-z]	负值字符范围，匹配不在指定范围内的任意字符，例如，'[^a-z]' 可以匹配不在 'a' 到 'z' 范围内的任意字符
\d	匹配一个数字字符，等价于 [0-9]
\D	匹配一个非数字字符，等价于 [^0-9]
\n	匹配一个换行符
\r	匹配一个回车符
\s	匹配任意空白字符，包括空格、制表符、换页符等，等价于 [\f\n\r\t\v]
\S	匹配任意非空白字符，等价于 [^\f\n\r\t\v]
\t	匹配一个制表符，等价于 \x09 和 \cI
\w	匹配字母、数字、下划线，等价于 '[A-Za-z0-9_]'
\W	匹配非字母、数字、下划线，等价于 '[^A-Za-z0-9_]'

在正则表达式中，用 " * " 表示任意个字符（包括 0 个），用 " + " 表示至少一个字符，用 "?" 表示 0 个或 1 个字符，用 {n} 表示 n 个字符，用 {n,m} 表示 n~m 个字符。

下面看一个复杂的例子：\d{3}\s+\d{3,8}。

从左到右解读如下：

（1）\d{3} 表示匹配 3 个数字，如 '010'。

（2）\s 可以匹配一个空格（也包括 Tab 等空白符），所以\s＋表示至少有一个空格，如匹配 ' ',   '   ' 等。

（3）\d{3,8} 表示匹配 3～8 个数字，如 '1234567'。

综合以上解读，上述正则表达式可以匹配以任意个空格隔开的区号为 3 个数字、号码为 3～8 个数字的电话号码，如 '021   8234567'。

如何匹配 '010 - 12345' 这样的号码呢？因为'-'是特殊字符，在正则表达式中，要用'\'转义，所以正则式是\d{3}\-\d{3,8}。但是，仍然无法匹配 '010 - 12345'，因为 '-' 两侧有空格，所以需要更复杂的匹配方式。要做更精确的匹配，可以用 [] 表示范围。

[0-9a-zA-Z_] 可以匹配一个数字、字母或者下划线。

[0-9a-zA-Z_]＋可以匹配至少由一个数字、字母或者下划线组成的字符串，如 'a100' '0_Z' 'Py3000' 等。

[a-zA-Z_][0-9a-zA-Z_]＊可以匹配以字母或下划线开头，后接任意个由一个数字、字母或者下划线组成的字符串，也就是 Python 合法的变量名称。

[a-zA-Z_][0-9a-zA-Z_]{0,19} 更精确地限制了变量的长度是 1～20 个字符（前面 1 个字符＋后面最多 19 个字符）。

A｜B 可以匹配 A 或 B，所以（P｜p）ython 可以匹配 'Python' 或者 'python'。

＾表示行的开头，＾\d 表示必须以数字开头；$ 表示行的结束，\d$ 表示必须以数字结束。

需要注意的是，py 也可以匹配 'python'，但是 ＾py$ 就变成了整行匹配，只能匹配 'py' 了。

再如要匹配文本 "email 120487362@qq.com 1234" 中的 Email 正则表达式，则匹配模式为：\b[\w.％＋－]＋@[\w.－]＋\.[a-zA-Z]{2,4}\b。具体的表达式解析如图 9 - 1 所示。

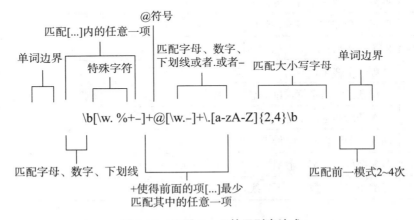

图 9 - 1　匹配 Email 的正则表达式

9.2 **re 模块及其函数**

Python 提供 re 模块，其包含所有正则表达式的功能，使用时，先使用"import re"导入。由于 Python 的字符串本身也用"＼"转义，所以要特别注意。例如：

> s＝'ABC\\-001'

正则表达式对应的字符串变成'ABC\-001'.

因此强烈建议使用 Python 的 r 作为前缀，这样就不用考虑转义的问题。例如

> s＝r'ABC\-001'

正则表达式对应的字符串仍是'ABC\-001'.

先看正则表达式如何匹配字符串，示例代码如下：

```
In [1] : import re

In [2] : re. match(r'^\d{3}\-\d{3,8}$ ','010-12345')
Out[2] : <_sre. SRE_Match object;span = (0,9),match = '010-12345'>

In [3] : re. match(r'^\d{3}\-\d{3,8}$ ','010 12345')
```

re. match 函数总是从字符串的起始位置开始查找匹配，并返回匹配到的字符串的 match 对象（匹配对象）＜class '_sre. SRE_Match'＞，如果不是在起始位置或者匹配不到，re. match 函数将返回 None。

re. match 函数匹配成功返回的结果是 match 对象，包括三部分：第一部分表示匹配对象；第二部分表示匹配到的起止范围 span，如 In［2］返回结果的第二部分 span＝(0，9)；第三部分表示匹配的结果。

也可以使用 group 函数直接返回匹配结果。示例代码如下：

```
In [4] : re. match(r'^\d{3}\-\d{3,8}$ ','010-12345'). group()
Out[4] : '010-12345'
```

re. match 函数的语法格式如下：

> re. match(pattern,string)

参数说明如下：

- pattern：匹配模式。
- string：被匹配的文本或字符串。

示例代码如下：

```
In [5]: test = '用户输入的字符串'
   ...: if re. match(r'正则表达式',test):
          print('ok')
      else:
          print('failed')
Failed
```

9.2.1 分组

除了简单地判断是否匹配之外，正则表达式还有提取子串的强大功能。用"()"表示的即为要提取的分组。

例如，`^(\d{3})-(\d{3,8})$`分别定义了两个组，可以直接从匹配的字符串中提取出区号和本地号码。示例代码如下：

```
In [6]: import re
   ...: m = re. match(r'^(\d{3})-(\d{3,8})$ ','010-12345')
   ...: m
Out[6]: <_sre. SRE_Match object;span = (0,9),match = '010-12345'>
In [7]: m. group(0)
Out[7]: '010-12345'
In [8]: m. group(1)
Out[8]: '010'
In [9]: m. group(2)
Out[9]: '12345'
```

如果正则表达式中定义了组，就可以对 match 对象用 group 函数提取子串。group(0)是原始字符串，group(1)、group(2)、… 分别表示第 1、2、… 个子串。提取子串非常有用，示例代码如下：

```
In [10]: t = '19:05:30'
   ...: m = re. match(r'^(0[0-9]|1[0-9]|2[0-3]|[0-9])\:(0[0-9]|1[0-9]|
            2[0-9]|3[0-9]|4[0-9]|5[0-9]|[0-9])\:(0[0-9]|1[0-9]|
            2[0-9]|3[0-9]|4[0-9]|5[0-9]|[0-9])$ ',t)
In [11]: m. groups()
Out[11]: ('19', '05', '30')
```

这个正则表达式可以直接识别合法的时间。但有时用正则表达式也无法做到完全验证，识别日期模式如下：

'^(0[1-9]|1[0-2]|[0-9])-(0[1-9]|1[0-9]|2[0-9]|3[0-1]|[0-9]) $'

对于"2-30"和"4-31"这样的非法日期，用正则表达式还是识别不了，或者写出表达式非常困难，这时就需要程序配合识别了。

9.2.2　切分字符串

用正则表达式切分字符串比用固定的字符更灵活，一般切分方法如下。

```
In [12] : 'a b  c'. split(' ')
Out[12] : ['a','b','','','c']
```

执行上面的代码，结果显示，无法识别连续的空格。运行正则表达式的结果如下：

```
In [13] : import re
   … : re. split(r'\s +','a b  c')
Out[13] : ['a','b','c']
```

使用正则表达式后，无论多少个空格都可以正常分割。加入"\,"，结果如下：

```
In [14] : re. split(r'[\s\,] +','a,b,c  d')
Out[14] : ['a','b','c','d']
```

再加入"\,\;"，结果如下：

```
In [15] : re. split(r'[\s\,\;] +','a,b;; c  d')
Out[15] : ['a','b','c','d']
```

如果用户输入了一组标签，可以用正则表达式把不规范的输入转化成正确的数组。

9.2.3　re. search 函数

re. search 函数对整个字符串进行搜索匹配，返回第一个匹配到的字符串 match 对象。语法格式如下：

re. search(pattern,string[,flags=0])

参数说明如下：
- pattern：匹配模式，由 re. compile 获得。
- string：被匹配的文本或字符串。

re. search 函数和 re. match 函数类似，但 re. search 函数不会限制只从字符串的起始位置匹配。示例代码如下：

```
In [16] : import re
    … : m21 = re. search(r'rat','dog rat dog')
    … : m21
Out[16] : <re. Match object; span = (4,7), match = 'rat'>
```

然而，re. search 函数匹配到第一个匹配项之后便停止继续查找，当在"dog rat dog"字符串中用 re. search 函数查找"dog"时，仅返回其首次匹配到的位置。示例代码如下：

```
In [17] : m22 = re. search(r'dog','dog rat dog')
    … : m22
Out[17] : <re. Match object; span = (0,3), match = 'dog'>
```

re. search 函数和 re. match 函数返回的 match 对象实际上是一个关于匹配子串的包装类。

前面我们看到可以通过调用 group 函数得到匹配的子串，但是匹配对象还包含更多关于匹配子串的信息。例如，match 对象可以告诉我们，匹配的内容在原始字符串中的开始位置和结束位置。示例代码如下：

```
In [18] : m0 = re. search(r'dog','dog rat dog')
    … : m0. start()
Out[18] : 0

In [19] : m0. end()
Out[19] : 3
```

这些信息有时非常有用。

9.2.4 re. findall 函数

很多匹配查找时想得到所有匹配结果，而不是仅得到第一个匹配对象，此时就需要使用 re. findall 函数。当调用 re. findall 函数时，可以非常简单地得到一个所有匹配结果的列表。示例代码如下：

```
In [20] : import re
    … : re. findall(r'dog','dog rat dog')
Out[20] : ['dog','dog']

In [21] : re. findall(r'rat','dog rat dog')
Out[21] : ['rat']
```

re. findall 函数是使用最多的一种匹配模式。

 9. 2. 5　re. compile 函数

re. compile 函数编译正则表达式，返回一个对象。它可以把常用的正则表达式编译成正则表达式对象，方便后续调用及提高效率。语法格式如下：

re. compile(pattern, flags＝0)

参数说明如下：

● pattern：指定编译时的表达式字符串。

● flags：编译标志位，用来修改正则表达式的匹配方式。支持 re. L | re. M 同时匹配 flags 标志位参数。

● re. I(re. IGNORECASE)：使匹配对大小写不敏感。

● re. L(re. LOCAL)：做本地化识别（locale-aware）匹配。

● re. M(re. MULTILINE)：多行匹配，影响＾和 $ 。

● re. S(re. DOTALL)：使 "." 匹配包括换行在内的所有字符。

● re. U(re. UNICODE)：根据 Unicode 字符集解析字符。这个标志影响\w，\W，\b，\B。

● re. X(re. VERBOSE)：该标志给予更灵活的格式，以便将正则表达式写得更易于理解。

re. compile 函数用法的示例如下：

```
In [22] : import re
    … : content = 'Citizen wang, always fall in love with neighbour, WANG'
    … : rr = re. compile(r'wan\w', re. I)      ♯ 不区分大小写
    … : print(type(rr))
<class '_sre. SRE_Pattern'>
In [23] : a = rr. findall(content)
    … : print(type(a))
    … : print(a)
<class 'list'>
['wang', 'WANG']
```

9.3　贪婪匹配

需要特别指出的是，正则匹配默认是贪婪匹配，也就是匹配尽可能多的字符。例如，

匹配出数字后面的 0。示例代码如下：

```
In [1] : import re
    ... : re. match(r'^(\d+)(0*)$','102300'). groups()
Out[1] : ('102300','')
```

由于"\d+"采用贪婪匹配，直接把后面的 0 全部匹配了，结果"0*"只能匹配空字符串。

必须让"\d+"采用非贪婪匹配（也就是尽可能少的匹配）才能把后面的 0 匹配出来，加一个"?"就可以让"\d+"采用非贪婪匹配。示例代码如下：

```
In [2] : re. match(r'^(\d+?)(0*)$','102300'). groups()
Out[2] : ('1023','00')
```

在数据处理过程中经常会遇到正则表达式，尤其爬虫数据处理，其中"(.*?)"的使用概率较高，作如下说明：

（1）".*?"表示非贪婪算法，即要精确的匹配。

（2）".*"表示贪婪算法，即要尽可能多的匹配。

（3）"()"表示要获取括号之间的信息。

下面举例说明一下。

```
In [3] : import re
    ... : a = 'wwIwwjshdwwlovewwsffawwpythonww'
    ... : infos = re. findall('ww(.*?)ww',a)
    ... : print(infos)
['I','love','python']
```

由于只需要获取"()"之间的数据，所以最终结果为：['I','love','python']。

如果使用".*"表达式，则表示贪婪匹配，结果返回除去头尾 ww 之外的全部数据。示例代码如下：

```
In [4] : import re
    ... : a = 'wwIwwjshdwwlovewwsffawwpythonww'
    ... : infos = re. findall('ww(.*)ww',a)
    ... : print(infos)
['Iwwjshdwwlovewwsffawwpython']
```

9.4 字符串的替换和修改

re 模块还提供了字符串的替换和修改函数，它们比字符串对象提供的函数的功能更强大。re 模块提供的函数的语法格式如下：

re. sub(rule,replace,target[,count])

re. subn(rule,replace,target[,count])

在目标字符串中按规则查找匹配的字符串，再把它们替换成指定的字符串。我们可以指定被替换的次数，否则将替换所有匹配到的字符串。

第一个参数是正则模式，第二个参数是将要被替换的新字符串，第三个参数是目标字符串，第四个参数是被替换的次数（可选参数）。这两个函数的唯一区别是返回值。re. sub 函数返回一个被替换的字符串，re. subn 函数返回一个元组，第一个元素是被替换的字符串，第二个元素是一个数字，表明进行了多少次替换。

例如，将下面字符串中的"dog"全部替换成"cat"。

```
In [1] : s = 'I have a dog,you have a dog,he has a dog'
    ... : re. sub(r'dog','cat',s)
Out[1] : 'I have a cat,you have a cat,he has a cat'
```

如果只想替换前面两个"dog"，则可以编写如下代码：

```
In [2] : re. sub(r'dog','cat',s,2)
Out[2] : 'I have a cat,you have a cat,he has a dog'
```

如果想知道进行了多少次替换，则可以使用 re. subn 函数。示例代码如下：

```
In [3] : re. subn(r'dog','cat',s)
Out[3] : ('I have a cat,you have a cat,he has a cat',3)
```

9.5 格式化输出

Python 格式化输出有两种方式："%"和 format 函数。format 函数的功能比"%"方式更强大，format 函数具有自定义字符填充空白、字符串居中显示、转换二进制、整数自动分割、百分比显示等功能。Python 3.6 之后的版本新增了 f 格式化。

9.5.1 "%" 格式化

首先看一个用 "%" 进行格式化的代码示例。

```
In [1] : name1 = "Yubg"
   ... : print("He said his name is %s. "%name1)
He said his name is Yubg.
```

字符串引号内的 "%" 为格式化的开始，类似于占位符，"%" 后的 s 表示占位处要填充的是字符串。若要填充整数，则用 d；若要填充浮点数，则用 f。紧跟在引号之后的 "%" 表示前面占位符处需要填充的内容，即赋值。所以上述代码"He said his name is %s. " 中的 "%s" 表示在此处要填充字符串，填充的内容是其后%name1 的内容，由于 name1 的值是 "Yubg"，所以 print("He said his name is %s. " %name1) 这行代码输出的就是 "He said his name is Yubg. "。

```
In [2] : name1 = "Yubg"
   ... : print("He said his name is %d. " % name1)


Traceback (most recent call last):
File "<ipython-input-1-d3549f33c4f0>", line 2, in <module>
print("He said his name is %d. " % name1)


TypeError: %d format: a number is required, not str
```

由于%d 表示要填充的是数值型整数，而非字符串，所以此处会抛出类型错误。

当有多个占位符时，则要求占位符和赋值必须一一对应。示例代码如下：

```
In [3] : "I am %s and age is %d" %("alex",18)
Out[3] : 'I am alex and age is 18'
```

也可以用字典的形式来赋值。示例代码如下：

```
In [4] : "I am %(name)s and age is %(age)d"%{"name":"alex","age":18}
Out[4] : 'I am alex and age is 18'


In [5] : "percent %.2f"%99.97623
Out[5] : 'percent 99.98'


In [6] : "I am %(pp).2f"%{"pp":123.425556}
```

```
Out[6] : 'I am 123.43'

In [7] : "I am %(pp) + .2f%%"%{"pp":123.425556,}        # 两个%%表示输出一个%
Out[7] : 'I am + 123.43%'
```

9.5.2 format 函数格式化

除了用"%"进行格式化之外，还可以使用 format 函数进行格式化。该方法很灵活，不仅可以使用位置进行格式化，还支持使用关键字参数进行格式化。

1. 通过关键字参数格式化

示例代码如下：

```
In [8] : print('{名字}今天{动作}'. format(名字 = '陈某某',动作 = '拍视频'))
                        # 通过关键字参数格式化

陈某某今天拍视频

In [9] : grade = {'name' : '陈某某','fenshu': '59'}
    … : print('{name}电工考了{fenshu}'. format(**grade))
                    # 使用字典作为关键字时,其前加**

陈某某电工考了 59
```

2. 通过位置格式化

示例代码如下：

```
In [10] : print('{1}今天{0}'. format('拍视频','陈某某'))        # 通过位置格式化

陈某某今天拍视频

In [11] : print('{0}今天{1}'. format('陈某某','拍视频'))

陈某某今天拍视频
```

`^、<、>` 分别表示居中、左对齐、右对齐，后面带宽度（一个汉字为 1 个宽度）。示例代码如下：

```
In [12] : print('{:^14}'.format('陈某某'))        ♯ 共占 14 个宽度,陈某某居中

    陈某某

In [13] : print('{:>14}'.format('陈某某'))         ♯ 共占 14 个宽度,陈某某居右对齐

        陈某某

In [14] : print('{:<14}'.format('陈某某'))         ♯ 共占 14 个宽度,陈某某居左对齐

陈某某

In [15] :print('{:*<14}'.format('陈某某'))         ♯ 共占 14 个宽度,陈某某居左对齐,其
                                                    他的用*填充

陈某某***********

In [16] : print('{:&>14}'.format('陈某某'))        ♯ 共占 14 个宽度,陈某某居右对齐,其
                                                    他的用 & 填充

&&&&&&&&&&& 陈某某
```

3. 精度控制和进制转换

（1）精度和 f 类型。小数位数的精度常和浮点型 f 类型一起使用。示例代码如下：

```
In [17] : print('{:.1f}'.format(4.234324525254))
4.2

In [18] : print('{:.4f}'.format(4.1))
4.1000
```

（2）进制转换。b、o、d、x 分别表示二、八、十、十六进制。示例代码如下：

```
In [19] : print('{:b}'.format(250))
11111010

In [20] : print('{:o}'.format(250))
372
```

```
In [21] : print('{:d}'. format(250))
250
```

```
In [22] : print('{:x}'. format(250))
fa
```

（3）千分位分隔符。这种情况只针对数字。示例代码如下：

```
In [23] : print('{:,}'. format(100000000))
100,000,000
```

```
In [24] : print('{:,}'. format(235445. 234235))
235,445. 234235
```

9.5.3　f 格式化

f 格式化是 Python 3.6 版本以后新增的功能。示例代码如下：

```
In [25] : name = "yubg"
     … : f"我叫{name}. "
Out[25] : '我叫 yubg. '
```

此处的 f 也可以用 F。

练　习

1. 编写一段代码，实现在给定的文本中识别出电话号码和 Email，要求使用 re 模块来处理。

2. 编写一个程序，要求用户输入姓名、年龄和身高，然后将这些信息转化为一个格式化的字符串，其中姓名、年龄和身高之间用逗号分隔，并且每个信息之间用制表符分隔。当输入的身高不是数字时，需要提醒并且重新输入，直到输入的是数字为止。年龄要计算虚岁，所以输入的年龄数字需要加 1。考虑到有可能输入的年龄不是数字，所以加 1 时可能会报错，编写代码时请使用 try 语句。

第 10 章　应用案例分析

本章主要是综合案例分析，涉及 requests 爬虫库、HTML 网页分析 BeautifulSoup 库、jieba 分词、wordcloud 库以及 networkx 可视化库的应用。

10.1　案例 1：爬虫与文本分析

本案例主要是获取网页上的标题内容，并对标题词语进行统计，计算出前 10 个高频词，并对获取的所有标题文本绘制词云图。

为了获取网页上所需的内容，需先获取整个网页，再对网页进行 HTML 代码分析，找到所需的内容并进行提取。

10.1.1　获取网页

爬虫的第一步是获取网页，而获取网页最关键的一步就是模拟浏览器向服务器发送网络请求，该过程一般使用 requests 库中的 get 函数。

requests 库是 Python 的第三方库，需要使用如下命令安装：pip install requests。

requests 库的作用是发起各种网络请求，语法格式如下：

> requests. get(url[,headers＝headers])

参数说明如下：

● url：要获取的网页的网址。

● headers：获取响应的响应头。

一般网站都会检测请求头的 User-Agent（即用户代理，简称 UA，网站服务器通过识别 UA 来确定用户所使用的操作系统版本、CPU 类型、浏览器版本等信息，并通过判断 UA 来给客户端发送不同的页面），如果 UA 不合法，那么可能获取不到响应，这也是一种反爬虫技术。所以添加请求头的目的就是模拟浏览器，欺骗服务器，获取和浏览器一致的内容。当然，有时甚至不止需要传入 UA 参数，请求信息还需要包括其他参数，如 Referer、Cookie 等。requests 可以添加多个请求头信息，以字典键值对的形式实现。如

headers＝{"User-Agent":'Mozilla/5.0(Macintosh;Intel Mac OS X 10_14_3)Apple-WebKit/537.36(KHTML,like Gecko)Chrome/89.0.4389.114 Safari/537.36'}

如向百度网页发起网络请求，示例代码如下：

```
In [1] : import requests
    … : url = 'https://www.baidu.com'
    … : response = requests.get(url)     # 通过 get 函数向目标 URL 发送 get 请求，
                                            返回结果是一个 response 对象
    … : print(response)                  # 返回<Response [200]> 表示网络请求
                                            成功

<Response [200]>
```

requests.get(url) 得到的结果是一个 Response 对象，其中，响应状态码 200 表示服务器成功处理了请求，即访问网页成功。若响应状态码是 418，表示访问的网站有反爬虫机制。

响应状态码共分为以下五种类型：

(1) 1xx（临时响应）：表示临时响应，并需要请求者继续执行操作。

(2) 2xx（成功）：表示成功处理了请求。

(3) 3xx（重定向）：表示要完成请求需要进一步操作。

(4) 4xx（请求错误）：表示请求可能出错，妨碍了服务器的处理。

(5) 5xx（服务器错误）：表示服务器在尝试处理请求时发生了内部错误。

常见的响应状态码如下：

● 200：服务器成功返回网页。

● 404：请求的网页不存在。

● 503：服务不可用。

如向豆瓣网页发起网络请求，示例代码如下：

```
In [2] : import requests
    … : url = r"https://book.douban.com/tag/ % E5 % B0 % 8F % E8 % AF % B4? start =
              0&type = T"
    … : response = requests.get(url)

In [3] : response
Out[3] : <Response [418]>
```

为了能够正常地获取信息，此时就需要用到获取响应的响应头参数 headers。示例代码如下：

```
In [4] : import requests
    … : url = r"https://book.douban.com/tag/%E5%B0%8F%E8%AF%B4?start = 0&type = T"
    … : headers = {"User-Agent":"Mozilla/5.0(Windows NT 10.0; WOW64)AppleWebKit/
            537.36(KHTML,like Gecko)Chrome/80.0.3987.162 Safari/537.36"}
    … : response = requests.get(url,headers = headers)
    … : print(response)


<Response [200]>
```

此处，headers 使用的参数信息是模拟 Windows NT 系统的 Chrome 浏览器。

发起获取请求后，对网页内容进行获取需要使用 response. text 和 response. content。有时为了获取正确的文本，还需要使用 response. encoding 获取文本编码方式。示例代码如下：

```
In [5] : print(response.encoding)          ♯ 获取编码方式
utf-8

In [6] : html_data = response.text          ♯ 获取网页代码信息
    … : print(html_data)


<!DOCTYPE html>
<html lang = "zh-cmn-Hans" class = "ua-windows ua-webkit book-new-nav">
<head>
  <meta http-equiv = "Content-Type" content = "text/html;charset = utf-8">
  <title>
豆瓣图书标签: 小说
</title>

<script>!function(e){var o = function(o,n,t){var c,i,r = new Date;n = n||30,t = t||"/",
r.setTime(r.getTime()+24*n*60*60*1e3),c = ";expires = " + r.toGMTString();for(i in o)e.
cookie = i + " = " + o[i] + c + "; path = " + t},n = function(o){var
……(由于信息过多，此处省略)……
```

response. text 返回的是 Unicode 型的文本数据，适用于文本数据的爬取；response. content 返回的是 bytes 型的二进制数据，适用于图片、文件的爬取。

到此，我们已经将整个网页全部爬取下来了，但如何从网页里获取想要提取的内容呢？

10.1.2　网页内容与代码标签

我们以"豆瓣图书标签：小说"页面为例，获取页面上的小说名称、作者、出版社、出版时间以及价格等。

为了方便获取拟提取的页面数据，按下键盘上的 F12 键（有些笔记本电脑上用功能键 Fn+F12），在弹出的对话框中选择"打开开发工具"，调取网页源码查阅。具体 HTML 代码页面如图 10-1 所示。当我们把光标定位到"元素/元素突出显示"的相应代码上时，左半部分的页面会高亮显示，也就是说，高亮部分显示的数据所对应的代码就是单击的代码行或者代码段，如图 10-1 中 A 区域的 b 行所示。

图 10-1　查阅 HTML 代码

图 10-1 中的 A 区域和 B 区域中以"< li class="开头的都是显示每部小说相关信息的列表。我们先来研究第一部小说《太白金星有点烦》部分的代码。

单击 A 区域的 a 行代码，可以看到小说名称：title="太白金星有点烦"。由此，我们就可以从这个页面中提取小说《太白金星有点烦》的小说名称，如图 10-2 所示。

图 10-2　代码解析

同理，单击 b 行代码，可以看到我们需要的作者、出版社、出版时间以及价格信息，如图 10－2 所示。

同理，星级数据可以从 c 行代码中获取。

至此，我们了解了 HTML 网页的代码构成，并找到了页面上所需提取的信息的对应代码标签。

10.1.3 提取网页内容

以获取中国日报网上的新闻标题为例，将爬取到的内容进行分词，分析都有哪些标题热词，并绘制词云图。

首先获取页面内容，示例代码如下：

```
In [7]: import requests
    ...: from bs4 import BeautifulSoup
    ...: url = 'https://cn.chinadaily.com.cn/'
    ...: html = requests.get(url)

    ...: html_text = html.text
```

然后对获取到的页面内容进行标题提取。这里需要对 HTML 页面进行代码标签分析，如图 10－3 所示。

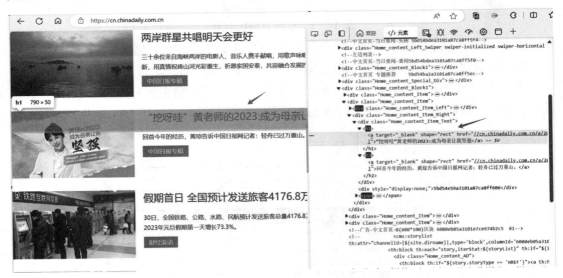

图 10－3 中国日报网 HTML 页面

从 HTML 页面可知，高亮显示的标签对应 HTML 的 div 元素下的 h1、h2 标签。

```
In  [8] : soup = BeautifulSoup(html_text,"lxml")    # 依赖 lxml 解析器来解析网页

In  [9] : all_h = soup. find_all({"h1","h2"})

In [10] : print(len(all_h))
86

In [11] : all_h[:3]
Out[11] :
```

[<h1><a class = "thbt" href = "//china. chinadaily. com. cn/a/202312/31/WS65911f
5ba310af3247ffa506. html" shape = "rect" target = "_blank">"把人民的期待变成我们
的行动，把人民的希望变成生活的现实"</a></h1>,
<h2>
<span> <a href = "//china. chinadaily. com. cn/a/202312/31/WS6591218ba310af3247
ffa50c. html" shape = "rect" target = "_blank">《求是》杂志发表习近平总书记重要文
章《以美丽中国建设全面推进人与自然和谐共生的现代化》</a> </span>
<span> <a href = "//china. chinadaily. com. cn/a/202312/31/WS6591238aa310af3247
ffa511. html" shape = "rect" target = "_blank">为奋斗者加油 10 张海报重温习近平新
年贺词</a> </span>
<span> <a href = "//china. chinadaily. com. cn/a/202312/31/WS659122a4a310af3247
ffa50f. html" shape = "rect" target = "_blank">习近平：以美丽中国建设全面推进人
与自然和谐共生的现代化</a> </span>
<span> <a href = "//china. chinadaily. com. cn/a/202312/31/WS6590fb54a310af3247
ffa4d5. html" shape = "rect" target = "_blank">时政长镜头｜走过 2023</a> </span>
<span> <a href = "//china. chinadaily. com. cn/a/202312/30/WS658f846aa310af3247
ffa3d1. html" shape = "rect" target = "_blank">国家主席习近平将发表二〇二四年新
年贺词</a> </span>
</h2>,
<h1><a href = "//cn. chinadaily. com. cn/a/202312/30/WS658f6c7ca310af3247ffa397.
html" shape = "rect" target = "_blank">全国政协举行新年茶话会</a></h1>]

代码行 "soup＝BeautifulSoup(html_text,"lxml")" 表示依赖 lxml 解析器来解析网页，并提供定位内容的便捷接口。代码行 "soup. find_all({"h1","h2"})" 是从 soup 中查找标签 "h1" 和 "h2" 的内容，也可以用 "soup. select('h2')" 和 "soup. select('h1')" 来逐一提取，提取的内容是一个列表。

从上面的运行结果可以看出，尽管标题都包含在列表中的每个元素里，但标签 h2 中含有多个需要提取的标题，所以不能简单地使用 for 循环来提取标题。另外，列表中的每

个元素也不是字符型。所以我们在提取标题时，需要先将列表中的每个元素转化成字符串，再将所有元素用 join 函数连接成一个大的字符串，然后对字符串应用正则表达式提取标题，因为每个标题都包含在"target＝"_blank">"和"</a>"之间。具体处理如下：

```
In [12] : import re
    ... : all_h_str = ",".join([str(i) for i in all_h])
                                                    # 将列表元素连接成字符串


    ... : ptm = r'target = "_blank">(.*?)</a>'      # 正则表达式匹配标题
    ... : re.findall(ptm,all_h_str)                 # 匹配查找所有符合匹配模式的标题
Out[12] :
['国家主席习近平发表二〇二四年新年贺词(全文)',
《求是》杂志发表习近平总书记重要文章《以美丽中国建设全面推进人与自然和谐共生的
现代化》',
'从这 80 幅海报里,读懂 2023 年的治国理政脚步',
'习近平:以美丽中国建设全面推进人与自然和谐共生的现代化',
'看图学习丨重温习主席新年贺词:一往无前、顽强拼搏,让明天的中国更美好',
'创意海报丨和总书记一起辞旧迎新!',
'国家主席习近平发表二〇二四年新年贺词',
'中国日报视觉中心:记录中国影像 传播中国故事',
......
'多彩庆元旦 欢喜迎新年']
In [13] : len(_)                                    # 此处"_"表示上一次运行的结果
Out[13] : 91
```

所有标题已经提取完毕，共计 91 条。

📖 10.1.4 文本分析与可视化

对标题进行分词，找出前 10 个出现频率最高的，并提取关键短语绘制词云图。

可以用 jieba 对文本做分词，用 wordcloud 绘制词云图。因此需要先安装这两个库，安装命令如下：

```
pip install jieba
pip install wordcloud
```

我们需要先将 10.1.3 节中的 91 条标题列表连接成一个文本，再对其使用 jieba 做分词，并将分词中的停用词（如"的"等虚词以及标点符号等）剔除，然后对其进行词频统计，提取关键短语并绘制词云图。

1. jieba 分词

对于中文，jieba 分词使用 jieba. cut 函数，生成的是一个生成器，可以通过 for 循环来提取里面的每个词，如 "word_list＝[word for word in jieba. cut(text)]" 就是将文本 text 用 jieba. cut 函数分词后，用 for 循环将其中每个分割出来的词语做成列表 word_list。

将标题连接后进行分词。示例代码如下：

```
In [14] : import jieba
    ... : text = " ".join(re. findall(ptm,all_h_str))   # 连接所有标题

In [15] : new_text = " ".join(jieba.cut(text))          # 对 text 进行分词并用空格
                                                          符连接
```

停用词用记事本记录，每个词占一行，如图 10 - 4 所示，文件保存为 stopwords. txt。

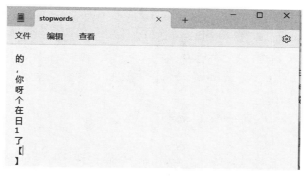

图 10 - 4　停用词

```
In [16] : new_word = ''     # 创建一个空字符串
          # 逐行读取停用词表,存入列表中
    ... : stopwords = [line. strip( ) for line in open('stopwords. txt', encoding =
                'UTF - 8'). readlines( )]
    ... : for element in new_text:
    ... :     if element not in stopwords:
    ... :         new_word += element
    ... : print(new_word)


国家　主席　习近平　发表　○　四　新贺词　（全文）　求是　杂志　发表　习近平
总书记　重要　文章　以　美丽　中国　建设　全面　推进　人与自然　和谐　共生
```

现代化 从 这 80 幅 海报 里 读懂 03 治国 理政 脚步 习近平 以 美
丽 中国 建设 全面 推进 人与自然 和谐 共生 现代化 看 图 学习 重
温习 主席 新贺词 一往无前 顽强拼搏 让 明天 中国 更 美好 创意 海报
和 总书记 一起 辞旧迎新 ！ 国家 主席 习近平 发表 〇 四 新贺词 中国报
视觉 中心 记录 中国 影像 传播 中国 故事
......
三季度 国 国际收支 基本 平衡 跨境 投资 活动 有序 开展 中国报 漫画
霸权 眼光 多彩 庆元旦 欢喜 迎新

2. 统计词频

对已经分词并且剔除了停用词的标题文本进行词频统计，做成字典 word_counts，并进行排序。示例代码如下：

```
In [17] : word_counts = {}
     ... :     for word in new_word. split():
     ... :         if word in word_counts:
     ... :             word_counts[word] += 1
     ... :         else:
     ... :             word_counts[word] = 1

     ... : sorted_dict = sorted(word_counts. items(),key = lambda x:x[1])
     ... : print(sorted_dict)
```

[('求是',1),('杂志',1),('重要',1),('文章',1),('80',1),('幅',1),('里',1),('读懂',1),('治国',1),
('理政',1),('脚步',1),('图',1),('重',1),('温习',1),('一往无前',1),('顽强拼搏',1),('更',1),
......
('影响',6),('人员',6),('发展',6),('中国报',7),('国',7),('美国',7),('将',8),('制造业',8),
('世界',9),('03',13),('中国',20)]

3. 关键词和短语提取

关键词和短语直接使用 jieba. analyse 模块提取。示例代码如下：

```
In [18] : import jieba. analyse
# 基于 TF - IDF 算法进行关键词提取
     ... : keywords = jieba. analyse. extract_tags(new_word)
     ... : print("关键词提取结果：",keywords)
```

关键词提取结果：['03','中国','元旦假期','贺词','习近平','制造业','04','世界','长城站','PMI','0.4','新规','476.8','07','新好','雪龙','光伏','人员','拒收','积石山']

```
In [19] : keyphrases = jieba.analyse.textrank(new_word)
    ... : print("关键短语提取结果:",keyphrases)
```

关键短语提取结果：['中国','美国','发展','世界','制造业','水平','长城站','保持','主席','人员','传播','解决','抵达','南极','发表','危机','活动','呼吁','国际','建设']

4. 绘制词云图

词云又叫作文字云，是文本数据的一种可视化展现方式，其核心价值在于通过高频关键词的可视化表达来传达大量文本数据背后有价值的信息。

用 wordcloud 绘制词云图需依赖 matplotlib.pyplot 模块，所以使用前需先导入 matplotlib.pyplot 模块。示例代码如下：

```
In [20] : import wordcloud
    ... : import matplotlib.pyplot as plt
    ... : wordcloud = wordcloud.WordCloud(font_path = 'simhei.ttf', background_color =
                              "black").generate(new_word)
    ... : plt.imshow(wordcloud)
    ... : plt.axis("off")
    ... : plt.show()    # 结果如图 10-5 所示
```

图 10-5　使用标题绘制的词云图

10.2　案例2：航班中转最佳选择分析

现有一组源于网络的航班数据，这组数据与航线上各个城市间的航班基本信息有关，包括旅程的起点和目的地以及距离和飞行时间等。现假设有以下几个问题需要处理：

（1）从 A 到 B 的最短途径是什么？分别从距离和时间角度考虑。

（2）有没有办法从 C 到 D？

（3）哪些机场的交通最繁忙？

（4）哪个机场位于大多数其他机场"之间"，从而可以成为一个中转站？

这里的 A、B、C、D 分别表示某四个机场的名称。

10.2.1　预备知识

1. 图论简介

图论主要用于研究和模拟社交网络、欺诈模式、社交媒体的病毒性和影响力，尤其社交网络分析（SNA）可能是图论在数据科学中最著名的应用，它可用于聚类算法，特别是 K-means，此外，系统动力学也经常使用一些图论知识。

为了便于后续进一步研究，我们需要熟悉以下术语。

顶点 u 和 v 称为边 (u,v) 的末端节点，所以顶点和节点有时含义相同。如果两条边具有相同的末端顶点，则它们是平行的。具有共同顶点的边是相邻的。节点 v 的度记作 $d(v)$，是指以 v 作为末端顶点的边数。

平均路径长度是指所有可能节点对应的最短路径长度的平均值。它给出了图的"紧密度"的度量，可用于了解此网络中某些内容的流动速度。

中心性旨在寻找网络中最重要的节点，中心性常用的度量标准有以下三个：

● 度中心性（degree centrality）。比如我有 20 个好友，意味着有 20 个节点与我相连，如果你有 50 个好友，那么意味着你的度中心性比我高，社交圈比我广。这就是度中心性的概念。

如果一个节点与其他许多节点直接相连，就意味着该点具有较高的度中心性，居于中心地位。一个节点的度越大，意味着这个节点的度中心性越高，该节点在网络中就越重要。

● 紧密中心性（closeness centrality）。比如要建一个大型娱乐商场（或者仓库的核心中转站），希望周围的顾客到达这个商场（中转站）的距离都尽可能地短。这就涉及紧密中心性或接近中心性的概念。

紧密中心性也叫作节点距离中心系数，通过距离来表示节点在图中的重要性，一般是指节点到其他节点的平均路径的倒数。该值越大，表示节点与其他节点的距离越近，即紧密中心性越高。如果一个节点与网络中所有其他节点的距离都很短，则称该节点具有较高的紧密中心性。紧密中心性需要考量每个节点到其他节点的最短路径的平均长度。也就是说，对于一个节点而言，它距离其他节点越近，它的紧密中心性越高。一般来说，那种需要让尽可能多的人使用的设施，它的紧密中心性一般是比较高的。

● 介数中心性（betweenness centrality）。类似于我们身边的社交达人，我们认识的不少朋友可能都是通过他/她认识的，这个人起到了中介的作用。介数中心性是指所有最短路径中经过该节点的路径数占最短路径总数的比例，如经过点 Y 并且连接两点的短程线与这两点之间的短程线总数之比。计算图中节点的介数中心性可分为两种情况：有权图上的介数中心性和无权图上的介数中心性。两者的区别在于求最短路径时使用的方法不同，对于无权图，采用宽度优先遍历（BFS）算法求最短路径；对于有权图，采用 Dijkstra 算法求最短路径。若一个节点的介数中心性较高，说明其他节点之间的最短路径很多甚至全部都必须经过它中转。假如这个节点消失了，那么其他节点之间的交流会变得困难，甚至可能断开。

2. networkx 库

networkx 是一个用 Python 开发的图论与复杂网络建模工具，内置了常用的图与复杂网络分析算法，可以方便地进行复杂网络数据分析、仿真建模等工作。networkx 支持创建简单无向图、有向图和多重图（multigraph）；内置了许多标准的图论算法，节点可为任意数据；支持任意的边值维度，功能丰富，简单易用。使用 networkx 库需先导入，命令如下：import networkx as nx。

（1）图的基本操作。

```
G=nx. Graph()                      ＃ 创建一个空的无向图 G
G. add_node(1)                     ＃ 添加一个节点 1，只能添加一个节
                                      点，节点可以用数字或字符表示
G. add_nodes_from([3,4,5,6])       ＃ 添加多个节点
G. add_edge(2,3)                   ＃ 添加一条边 2-3（隐含着添加了两
                                      个节点 2、3）
G. add_edge(3,2)                   ＃ 对于无向图，边 3-2 与边 2-3 被
                                      认为是一条边

G. nodes()                         ＃ 输出全部节点
G. edges()                         ＃ 输出全部边
G. number_of_edges()              ＃ 输出边的数量
len(G)                             ＃ 返回 G 中节点的数量
nx. degree(G)                      ＃ 计算图中各个节点的度

nx. draw_networkx(G,with_labels=True)  ＃ 画出刻度标尺及节点标签
```

```
pos＝nx. spring_layout(G)                    ＃ 生成节点位置
nx. draw_networkx_nodes(G,pos,node_color='g',node_size=500,alpha=0.8)
                                             ＃ 画出节点
nx. draw_networkx_edges(G,pos,width=1.0,alpha=0.5,edge_color='b')
                                             ＃ 画出边
nx. draw_networkx_labels(G,pos,labels,font_size=16)
                                             ＃ 在图形上添加节点的标签，labels
                                               是字典
nx. draw_networkx_edge_labels(G,pos,edge_labels)
                                             ＃ 画出边的权重
plt. savefig("wuxiangtu. png")               ＃ 保存图

G. to_undirected()                           ＃ 有向图向无向图转换
G. to_directed()                             ＃ 无向图向有向图转换

G. add_weighted_edges_from([(3,4,3.5),(3,5,7.0)])
                                             ＃ 加权图
G. get_edge_data(2,3)                        ＃ 获取 2-3 边的权重

sub_graph＝G. subgraph([1,3,4])              ＃ 子图
```

（2）加权图。有向图和无向图都可以为边赋予权重，用到的函数是 add_weighted_edges_from，它接收一个或多个三元组 [u,v,w] 作为参数，其中，u 是起点，v 是终点，w 是权重。如 "G. add_weighted_edges_from([(3,4,3.5),(3,5,7.0)])"，表示 3-4 边的权重为 3.5，3-7 边的权重为 7.0。

（3）图论经典算法。

计算 1：求无向图任意两点间的最短路径。

```
# -*- coding: cp936 -*-
import networkx as nx
import matplotlib. pyplot as plt


# 求无向图任意两点间的最短路径
G = nx. Graph()
G. add_edges_from([(1,2),(1,3),(1,4),(1,5),(4,5),(4,6),(5,6)])
path = nx. all_pairs_shortest_path(G)
for i in path:
    print(i)
```

```
nx. draw_networkx(G, with_labels = True)
```

计算 2：找出图中两点间的最短路径。

```
import networkx as nx
G = nx. Graph()
G. add_nodes_from([1, 2, 3, 4])
G. add_edge(1, 2)
G. add_edge(3, 4)

nx. draw_networkx(G, with_labels = True)
try:
    n = nx. shortest_path_length(G, 1, 4)
    print(n)
except nx. NetworkXNoPath:
    print('No path')
```

（4）求最短路径和最短距离的函数。networkx 库中包含求最短路径的 dijkstra_path 函数和求最短距离的 dijkstra_path_length 函数。

nx. dijkstra_path(G, source, target, weight='weight')

　　　　　　　　　　# 求最短路径

nx. dijkstra_path_length(G, source, target, weight='weight')

　　　　　　　　　　# 求最短距离

nx. degree_centrality(G)　　　　# 度中心性

nx. closeness_centrality(G)　　　# 紧密中心性

nx. betweenness_centrality(G)　　# 介数中心性

nx. transitivity(G)　　　　　# 图或网络的传递性，即在图或网络中，认识同
　　　　　　　　　　　　　一个节点的两个节点也可能相互认识，计算公
　　　　　　　　　　　　　式为：3×图中三角形的个数/三元组的个数
　　　　　　　　　　　　　（该三元组的个数是有公共顶点的边的对数）

nx. clustering(G)　　　　　　# 图或网络中节点的聚类系数，计算公式为：节
　　　　　　　　　　　　　点 u 的两个邻居节点间的边数除以（d(u)
　　　　　　　　　　　　　(d(u)−1)/2）

10.2.2 航班数据处理

我们先来了解航班数据。打开数据表，显示前 6 个数据行，如图 10-6 所示。

	A	B	C	D	E	F	G	H	I	J	K	L	M	N	O	P
1	year	month	day	dep_time	sched_dep_time	dep_delay	arr_time	sched_arr_time	arr_delay	carrier	flight	tailnum	origin	dest	air_time	distance
2	2013	2	26	1807	1630	97	1956	1837	79	EV	4411	N13566	EWR	MEM	144	946
3	2013	8	17	1459	1445	14	1801	1747	14	B6	1171	N661JB	LGA	FLL	147	1076
4	2013	2	13	1812	1815	-3	2055	2125	-30	AS	7	N403AS	EWR	SEA	315	2402
5	2013	4	11	2122	2115	7	2339	2353	-14	B6	97	N656JB	JFK	DEN	221	1626
6	2013	8	5	1832	1835	-3	2145	2155	-10	AA	269	N3EYAA	JFK	SEA	358	2422
7	2013	6	30	1500	1505	-5	1751	1650	61	UA	685	N424UA	LGA	ORD	116	733

图 10-6　航班数据

从图 10-6 中可以看出，数据共有 16 列，为了便于理解数据，我们给出数据列名对应的中文，如表 10-1 所示。

表 10-1　数据列名称中英文对应关系

英文	中文
year	年
month	月
day	日
dep_time	起飞时间
sched_dep_time	计划起飞时间
dep_delay	起飞延迟时间
arr_time	到达时间
sched_arr_time	计划到达时间
arr_delay	到达延迟时间
carrier	客机类型
flight	航班号
tailnum	编号
origin	出发地
dest	目的地
air_time	飞行时间
distance	飞行距离

1. 导入数据

```
In [1] : import pandas as pd
    ... : import numpy as np
    ... : data = pd. read_csv(r'C:\Users\lenovo\Airlines. csv',engine = 'python')
                    # 参数 engine = 'python'是为了防止中文路径出错
```

```
      ··· : data. shape
Out[1] : (100,16)


In [2] : data. dtypes
Out[2] :
year int64
month int64
day int64
dep_time float64
sched_dep_time int64
dep_delay float64
arr_time float64
sched_arr_time int64
arr_delay float64
carrier object
flight int64
tailnum object
origin object
dest object
air_time float64
distance int64
dtype: object


In [3] : data. head( )
Out[3] :
     year   month   day   dep_time   ···   origin   dest   air_time   distance
0    2013       2    26     1807. 0   ···      EWR    MEM      144. 0        946
1    2013       8    17     1459. 0   ···      LGA    FLL      147. 0       1076
2    2013       2    13     1812. 0   ···      EWR    SEA      315. 0       2402
3    2013       4    11     2122. 0   ···      JFK    DEN      221. 0       1626
4    2013       8     5     1832. 0   ···      JFK    SEA      358. 0       2422

[5 rows × 16 columns]
```

2. 处理时间格式数据

计划起飞时间的格式不标准，将该时间格式转化为标准格式 std。

```
In [4] : data['sched_dep_time']. head( )
Out[4] :
0    1630
1    1445
2    1815
3    2115
4    1835
Name: sched_dep_time, dtype: int64

In [5] : data['std'] = data. sched_dep_time. astype( str). str. replace('(\d{2}$)', ")+ ':'+
            data. sched_dep_time. astype( str). str. extract('(\d{2}$)', expand =
            False) + ':00'
    … : data['std']. head( )
Out[5] :
0    16:30:00
1    14:45:00
2    18:15:00
3    21:15:00
4    18:35:00
Name: std, dtype: object
```

可以使用 replace 函数从 sched_dep_time 字段末尾取两个数字用空值代替（也就是删除末尾的两个数字），语法格式如下：

　　　　S. replace(old, new[, count＝S. count(old)])

参数说明如下：
- old：指定的旧子字符串。
- new：指定的新子字符串。
- count：可选参数，替换的次数，默认为指定的旧子字符串在字符串中出现的总次数。

返回值为把字符串中指定的旧子字符串替换成指定的新子字符串后生成的新字符串，如果指定可选参数 count，则替换指定的次数，默认为指定的旧子字符串在字符串中出现的总次数。

\d{2}$：其中\d 表示匹配数字 0～9，{2} 表示将前面的操作重复 2 次，$ 表示从末尾开始匹配。

可用字符串或正则表达式从字符数据中抽取匹配的数据，只返回第一个匹配的数据，语法格式如下：

　　　　Series. str. extract(pat, flags＝0, expand＝None)

参数说明如下：

- pat：字符串或正则表达式。
- flags：整型。
- expand：布尔型，是否返回 DataFrame。

返回值为数据框（DataFrame）或索引（index）。

```
In [6]: # 将计划到达时间 sched_arr_time 转化为标准格式 sta
   ...: data['sta'] = data. sched_arr_time. astype(str). str. replace('(\d{2}$)','') +
          ':' + data. sched_arr_time. astype(str). str. extract('(\d{2}$)',
          expand = False) + ':00'
   ...: # 将起飞时间 dep_time 转化为标准格式 atd
   ...: data['atd'] = data. dep_time. fillna(0). astype(np. int64). astype(str).
          str. replace('(\d{2}$)','') + ':' + data. dep_time. fillna(0).
          astype(np. int64). astype(str). str. extract('(\d{2}$)', expand =
          False) + ':00'
   ...: # 将到达时间 arr_time 转化为标准格式 ata
   ...: data['ata'] = data. arr_time. fillna(0). astype(np. int64). astype(str).
          str. replace('(\d{2}$)','') + ':' + data. arr_time. fillna(0).
          astype(np. int64). astype(str). str. extract('(\d{2}$)', expand =
          False) + ':00'
   ...: # 将年月日时间合并为一列 date
   ...: data['date'] = pd. to_datetime(data[['year','month','day']])
   ...: # 删除不需要的'year' 'month' 'day'
   ...: data = data. drop(['year','month','day'], axis = 1)
          # drop 默认删除行, 若删除列, 则需要增加 axis = 1
   ...: data. head(15)
Out[6]:
```

	dep_time	sched_dep_time	dep_delay	...	atd	ata	date
0	1807.0	1630	97.0	...	18:07:00	19:56:00	2013 − 02 − 26
1	1459.0	1445	14.0	...	14:59:00	18:01:00	2013 − 08 − 17
2	1812.0	1815	− 3.0	...	18:12:00	20:55:00	2013 − 02 − 13
3	2122.0	2115	7.0	...	21:22:00	23:39:00	2013 − 04 − 11
4	1832.0	1835	− 3.0	...	18:32:00	21:45:00	2013 − 08 − 05
5	1500.0	1505	− 5.0	...	15:00:00	17:51:00	2013 − 06 − 30
6	1442.0	1445	− 3.0	...	14:42:00	18:33:00	2013 − 02 − 14
7	752.0	755	− 3.0	...	7:52:00	10:37:00	2013 − 07 − 25
8	557.0	600	− 3.0	...	5:57:00	7:25:00	2013 − 07 − 10

9	1907.0	1915	− 8.0	...	19:07:00	21:55:00	2013 − 12 − 13
10	1455.0	1500	− 5.0	...	14:55:00	16:47:00	2013 − 01 − 28
11	903.0	912	− 9.0	...	9:03:00	10:51:00	2013 − 09 − 06
12	NaN	620	NaN	...	NaN	NaN	2013 − 08 − 19
13	553.0	600	− 7.0	...	5:53:00	6:57:00	2013 − 04 − 08
14	625.0	630	− 5.0	...	6:25:00	8:24:00	2013 − 05 − 12

[15 rows × 18 columns]

3. 检查数据空缺值

检查数据中是否有零值或空值。

```
In [7] : np.where(data == 0)
    ... : data.iloc[29]                    # 从得出的空行数据中查看 29 行数据
Out[7] :
(array([29,43,48,59,62,87,93,96],dtype = int64),
 array([5,2,2,5,2,2,2,2],dtype = int64))

In [8] : np.where(pd.isnull(data))         # 发现了空值
Out[8] :
(array([12,12,12,12,12,12,12,90],dtype = int64),
 array([0,2,3,5,11,15,16,16],dtype = int64))
```

发现了零值和空值，该怎么处置呢？一般选择删除或者填充。当数据足够多，删除不会影响整体数据或者影响很小时，可以采用删除的方法；当数据不够多，或者删除会对原数据集的计算、预测有影响时，建议采用填充的方法，如均值填充、零值填充、按前值或后值填充等。

10.2.3 数据分析与可视化

1. 构建图并载入数据

```
In [9] : import networkx as nx
    ... : FG = nx.from_pandas_edgelist(data, source = 'origin', target = 'dest',
                                       edge_attr = True)
    ... : FG.nodes()
```

```
Out [9] : NodeView(('EWR','MEM','LGA','FLL','SEA','JFK','DEN','ORD','MIA','PBI','MCO','CMH',
'MSP','IAD','CLT','TPA','DCA','SJU','ATL','BHM','SRQ','MSY','DTW','LAX','JAX','RDU','MDW','DFW','IAH',
'SFO','STL','CVG','IND','RSW','BOS','CLE'))


In [10] : FG. edges()
Out[10] : EdgeView([('EWR','MEM'),('EWR','SEA'),('EWR','MIA'),('EWR','ORD'),('EWR','MSP'),
('EWR','TPA'),('EWR','MSY'),('EWR','DFW'),('EWR','IAH'),('EWR','SFO'),('EWR','CVG'),('EWR','IND'),
('EWR','RDU'),('EWR','IAD'),('EWR','RSW'),('EWR','BOS'),('EWR','PBI'),('EWR','LAX'),('EWR','MCO'),
('EWR','SJU'),('LGA','FLL'),('LGA','ORD'),('LGA','PBI'),('LGA','CMH'),('LGA','IAD'),('LGA','CLT'),
('LGA','MIA'),('LGA','DCA'),('LGA','BHM'),('LGA','RDU'),('LGA','ATL'),('LGA','TPA'),('LGA','MDW'),
('LGA','DEN'),('LGA','MSP'),('LGA','DTW'),('LGA','STL'),('LGA','MCO'),('LGA','CVG'),('LGA','IAH'),
('FLL','JFK'),('SEA','JFK'),('JFK','DEN'),('JFK','MCO'),('JFK','TPA'),('JFK','SJU'),('JFK','ATL'),
('JFK','SRQ'),('JFK','DCA'),('JFK','DTW'),('JFK','LAX'),('JFK','JAX'),('JFK','CLT'),('JFK','PBI'),
('JFK','CLE'),('JFK','IAD'),('JFK','BOS')])
```

2. 找出最繁忙的机场

为了找出最繁忙的机场，需要用到度中心性，再找出度中心性较大的机场。

```
In [11] : nx. draw_networkx(FG,with_labels = True)
            # 绘图，从图中可以看到 3 个繁忙的机场
```

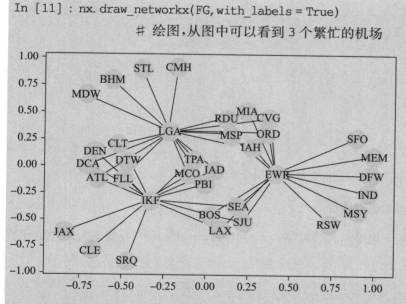

```
In [12] : dd = nx. algorithms. degree_centrality(FG)        # 度中心性
    ... : max (dd,key = lambda x:dd[x])
                    # 可以使用字典方法 max(dd,key = dd. get),但不能显示并列值
Out[12] : 'EWR'
```

其实，这里存在一个问题。度中心性最大的并非只有 EWR，LGA 与 EWR 有相等的值。所以我们需要自定义一个函数来查看最大值，这里仅判断前三项是否并列，并选出最大值。

```
In [13]: def top(dd):
    ...:        '''
    ...:        通过度中心性来求最大值
    ...:        此处仅判断前三项是否并列
    ...:        '''
    ...:        dd_id = list(dd.items())
    ...:        dd_id_0 = []
    ...:        for i in dd_id:
    ...:            i = list(i)
    ...:            i[0], i[1] = i[1], i[0]
    ...:            dd_id_0.append([i[0], i[1]])
    ...:        sor_dd = sorted(dd_id_0, reverse = True)
    ...:        if sor_dd[0][0] == sor_dd[1][0]:
    ...:            if sor_dd[1][0] == sor_dd[2][0]:
    ...:                print(sor_dd[0:3])
    ...:            else:
    ...:                print(sor_dd[0:2])
    ...:        else:
    ...:            print(sor_dd[0])
    ...:
    ...: top(dd)
[[0.5714285714285714, 'LGA'], [0.5714285714285714, 'EWR']]
```

所以 EWR 和 LGA 是所有机场中最繁忙的两个机场。

3. 找出某两个机场间的最短路径

找出 JAX 和 DFW 两个机场间的最短路径，使用 networkx 库中寻找最短路径的函数 dijkstra_path。

```
In [14]: all_path = nx.all_simple_paths(FG, source = 'JAX', target = 'DFW')
                    # 从 JAX 到 DFW 的所有路径

In [15]: dijpath = nx.dijkstra_path(FG, source = 'JAX', target = 'DFW')
```

```
    ··· : dijpath
Out[15] : ['JAX', 'JFK', 'SEA', 'EWR', 'DFW']


In [16] : shortpath = nx.dijkstra_path(FG, source = 'JAX', target = 'DFW', weight = 'air_
                                       time')
    ··· : shortpath
Out[16] : ['JAX', 'JFK', 'BOS', 'EWR', 'DFW']
```

4. 找出适合作为中转站的机场

适合作为中转站的机场需要具有较高的紧密中心性，考虑到其他节点之间的最短路径很多甚至全部都必须经过它中转，还需要具有较高的介数中心性。

```
In [17] : cc = nx.closeness_centrality(FG)
    ··· : top(cc)
[[0.5555555555555556, 'LGA'], [0.5555555555555556, 'EWR']]


In [18] : bc = nx.betweenness_centrality(FG)
    ··· : top(bc)
[0.44733893557422966, 'EWR']
```

由上面两项计算可知，最适合作为中转站的是 EWR 机场。

参考文献

[1] 余本国. Python 数据分析基础. 2 版. 北京：清华大学出版社，2023.

[2] 余本国. Python 数据分析与可视化案例教程（微课版）. 北京：人民邮电出版社，2022.

[3] 余本国. Python 数据分析：从零基础入门到案例实战. 北京：北京理工大学出版社，2022.

[4] 余本国. Python 编程与数据分析应用（微课版）. 北京：人民邮电出版社，2020.

图书在版编目（CIP）数据

大数据分析：基于 Python / 余本国主编. -- 北京：
中国人民大学出版社，2024.8. --（普通高等学校应用
型教材）. -- ISBN 978-7-300-33037-2

Ⅰ. TP311.561

中国国家版本馆 CIP 数据核字第 2024MX7884 号

普通高等学校应用型教材·大数据

大数据分析：基于 Python

主编　余本国

Dashuju Fenxi：Jiyu Python

出版发行	中国人民大学出版社				
社　　址	北京中关村大街 31 号		**邮政编码**	100080	
电　　话	010 - 62511242（总编室）		010 - 62511770（质管部）		
	010 - 82501766（邮购部）		010 - 62514148（门市部）		
	010 - 62515195（发行公司）		010 - 62515275（盗版举报）		
网　　址	http://www.crup.com.cn				
经　　销	新华书店				
印　　刷	大厂回族自治县彩虹印刷有限公司				
开　　本	787 mm×1092 mm　1/16		**版　　次**	2024 年 8 月第 1 版	
印　　张	13.5		**印　　次**	2024 年 8 月第 1 次印刷	
字　　数	300 000		**定　　价**	32.00 元	

中国人民大学出版社　　理工分社

教师教学服务说明

中国人民大学出版社理工出版分社以出版经典、高品质的统计学、数学、心理学、物理学、化学、计算机、电子信息、人工智能、环境科学与工程、生物工程、智能制造等领域的各层次教材为宗旨。

为了更好地为一线教师服务，理工出版分社着力建设了一批数字化、立体化的网络教学资源。教师可以通过以下方式获得免费下载教学资源的权限：

★ 在中国人民大学出版社网站 www.crup.com.cn 进行注册，注册后进入"会员中心"，在左侧点击"我的教师认证"，填写相关信息，提交后等待审核。我们将在一个工作日内为您开通相关资源的下载权限。

★ 如您急需教学资源或需要其他帮助，请加入教师 QQ 群或在工作时间与我们联络。

中国人民大学出版社　　理工分社

教师QQ群：796820641（数据科学与大数据技术）
　　　　　教师群仅限教师加入，入群请备注（学校＋姓名）

联系电话：010-62511967，62511076

电子邮箱：lgcbfs@crup.com.cn

通讯地址：北京市海淀区中关村大街 31 号中国人民大学出版社 802 室（100080）